模拟电子技术应用与实践教学研究

刘旭梅　著

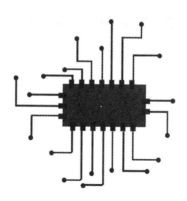

吉林科学技术出版社

图书在版编目(CIP)数据

模拟电子技术应用与实践教学研究 / 刘旭梅著.--

长春:吉林科学技术出版社,2022.12

ISBN 978-7-5744-0134-1

Ⅰ.①模… Ⅱ.①刘… Ⅲ.①模拟电路-电子技术

Ⅳ.①TN710

中国版本图书馆 CIP 数据核字(2022)第 247579 号

模拟电子技术应用与实践教学研究

著	刘旭梅	
出 版 人	宛 霞	
责任编辑	李红梅	
封面设计	艾书文	
制 版	艾书文	
幅面尺寸	170mm×240mm	
开 本	16	
字 数	213 千字	
印 张	12.25	
印 数	1-1500 册	
版 次	2023年8月第1版	
印 次	2023年8月第1次印刷	

出 版 吉林科学技术出版社

发 行 吉林科学技术出版社

地 址 长春市南关区福祉大路5788号出版大厦A座

邮 编 130118

发行部电话/传真 0431-81629529 81629530 81629531
　　　　　　　　　81629532 81629533 81629534

储运部电话 0431-86059116

编辑部电话 0431-81629510

印 刷 廊坊市印艺阁数字科技有限公司

书 号 ISBN 978-7-5744-0134-1

定 价 75.00 元

前　言

　　在电子技术日新月异的发展形势下,为了培养电子技术方面的人才,编者结合自身多年的教学和科研工作经验,编写了本书。本书根据职业院校人才培养目标以及现代科学技术发展的需要,在内容上以现代模拟电子技术的基础知识、基本理论与技能为主线,使现代模拟电子技术与各种新技术有机结合、理论与实践紧密结合。

　　本书共八章,第一章为常用半导体器件及其应用,第二章至第五章分别介绍了基本放大电路、集成运算放大电路、负反馈放大电路以及信号发生电路,第六章对直流稳压电源进行了讲解,第七章为模拟电子技术的实践,第八章对课程思政进行了探索。

　　本书在编写过程中参考了大量的书籍和高校实验设备指导书,在此对所参考书籍的作者表示衷心的感谢! 书中的大部分内容已多年服务于教学实践,并根据积累的教学经验进行了不断修订。由于编者水平有限,书中难免会存在不足和疏漏之处,敬请同行和读者批评指正。

著　者

2022 年 5 月

目　录

第一章　常用半导体器件及其应用 ·················· **001**
　第一节　半导体基础知识 ····················· 001
　第二节　半导体二极管 ······················ 012
　第三节　二极管的基本应用 ··················· 015
　第四节　半导体三极管 ······················ 020
　第五节　光敏晶体管与光电耦合器 ··············· 026

第二章　基本放大电路 ························ **028**
　第一节　基本放大电路的组成与工作原理 ··········· 028
　第二节　共发射极基本放大电路 ················ 031
　第三节　差分放大电路 ······················ 034
　第四节　放大电路的频率特性与多级放大电路 ········ 035

第三章　集成运算放大电路 ···················· **041**
　第一节　集成运算放大电路概述 ················ 041
　第二节　基本运算放大电路 ··················· 047
　第三节　集成运算放大电路的应用 ··············· 052

第四章　负反馈放大电路 ······················ **056**
　第一节　反馈的概念 ······················· 056
　第二节　负反馈放大电路的基本类型与判断 ········· 061
　第三节　负反馈对放大电路性能的影响 ············ 066
　第四节　深度负反馈放大电路的特点及增益估算 ······ 073

第五章　信号发生电路 ························ **076**
　第一节　正弦波振荡电路 ···················· 076
　第二节　RC 振荡电路 ······················ 080

第三节　LC 振荡电路 ···················· 086

第四节　石英晶体振荡电路 ················ 094

第五节　非正弦波发生电路 ················ 097

第六章　直流稳压电源 ······················ 106

第一节　直流电源的组成及主要性能指标 ······ 106

第二节　单相整流滤波电路 ················ 108

第三节　集成稳压器 ···················· 114

第四节　开关集成稳压电路 ················ 118

第七章　模拟电子技术的实践 ·················· 125

第一节　变频门铃 ······················ 125

第二节　计数器 ························ 126

第三节　智力竞赛抢答器 ·················· 130

第四节　数据选择器 ···················· 132

第五节　八音阶电子琴 ··················· 136

第八章　课程思政探索 ······················ 153

第一节　模拟电子技术课程思政教学现状 ······ 153

第二节　模拟电子技术课程思政建设 ·········· 155

第三节　课程思政实施原则与实例分析 ········ 163

参考文献 ······························ 170

模拟电子技术实训 ························ 171

项目一　触摸开关 ························ 172

项目二　放大器 ·························· 175

项目三　音阶发生器 ······················ 181

项目四　功率放大器 ······················ 183

项目五　直流稳压源 ······················ 185

项目六　简易电子琴 ······················ 187

第一章

常用半导体器件及其应用

第一节　半导体基础知识

一、半导体材料

多数现代电子器件是由性能介于导体与绝缘体之间的半导体材料制造而成的。为了从电路的方面理解这些器件的性能,首先必须从物理的角度了解它们是如何工作的。这里着重介绍半导体材料的特殊物理性质,以及电子器件的伏安($U-I$)特性。在电子器件中,常用的半导体材料有元素半导体,如硅(Si)、锗(Ge);化合物半导体,如砷化镓(GaAs)等。其中硅是目前最常用的一种半导体材料。半导体除了在导电能力方面与导体和绝缘体不同外,它还具有不同于其他物质的特点,例如,当半导体受到外界光和热的激励时,其导电能力将发生显著变化。又如在纯净的半导体中加入微量的杂质后,其导电能力将会显著增强。为了理解这些特点,必须了解半导体的结构。

在电子器件中,用得最多的材料是硅和锗,下面重点介绍硅的物理结构和导电机制。硅的简化玻尔原子模型如图 1-1 所示。硅是四价元素,原子的最外层轨道上有 4 个电子,称为价电子。由于原子呈中性,故正离子芯(或正离子)用带圆圈的+4 符号表示。半导体的导电性与价电子数目有关,因此,价电子是我们要研究的对象。从定性的角度来考虑,其他半导体的物理性能与硅材料类似。

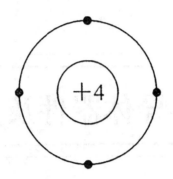

图 1-1　硅的原子结构简化模型

半导体与金属和许多绝缘体一样,均具有晶体结构,它们的原子形成有序的排列,邻近原子之间由共价键连接,如图 1-2 所示。图中表示的是二维结构,实际上半导体晶体结构是三维的。

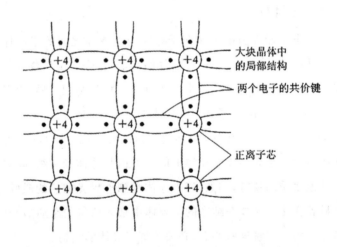

图 1-2　硅的二维晶格结构图

二、本征半导体及其导电作用

(一)本征半导体

本征半导体是一种完全纯净的、结构完整的半导体晶体。半导体的重要物理特性是它的电导率,电导率与材料内单位体积中所含的电荷载流子的数量有关。电荷载流子的浓度愈高,其电导率愈高。半导体内载流子的浓度取决于许多因素,包括材料的基本性质、温度值以及杂质的存在。在 $T=0$ K 和没有外界激发时,由于每一原子的外围电子被共价键所束缚,这些束缚电子对半导体内的传导电流没有贡献。但是,半导体共价键中的价电子并不像绝缘体中被束缚得那样紧。例如在室温(300 K)下,被束缚的价电子就会获得足够的随机热振动能量而挣脱共价键的束缚,成为自由电子。这些自由电子很容易在晶体内运动,如图 1-3 所示,这种现象称为本征激发。

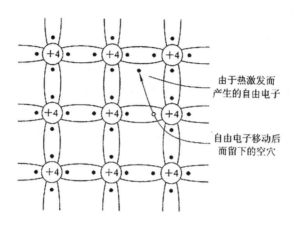

由于热激发而
产生的自由电子

自由电子移动后
而留下的空穴

图 1-3　本征半导体中的自由电子和空穴

　　当电子挣脱共价键的束缚成为自由电子后,共价键中就留下一个空位,这个空位叫作空穴。原子因失掉一个价电子而变成带正电的正离子,或者说空穴带正电。空穴的出现是半导体区别于导体的一个重要特点。在本征半导体中,自由电子与空穴是成对出现的,即自由电子与空穴浓度相等,即

$$n_i = p_i \tag{1-1-1}$$

　　若在本征半导体两端外加一电场,则自由电子将产生定向移动,形成电子电流;另外,由于空穴的存在,价电子将按一定的方向依次填补空穴,也就是说空穴也产生定向移动,形成空穴电流。由于自由电子和空穴所带电荷极性不同,所以它们的运动方向相反,本征半导体中的电流是这两个电流的总和。

　　运载电荷的粒子称为载流子。导体导电只有一种载流子,即自由电子导电;而本征半导体有两种载流子,即自由电子和空穴均参与导电,这是半导体导电的特殊性质。

(二)载流子的产生与复合

　　如前所述,由于本征激发,半导体产生自由电子-空穴对,温度愈高,其产生率愈高。另一方面,自由电子在运动过程中如果与空穴相遇就会填补空穴,使两者同时消失,这种现象叫作复合。一旦空穴和自由电子浓度建立起来,复合

作用就是经常性的。当温度一定时,载流子(电子和空穴)的复合率等于产生率,即达到一种动态平衡。

当载流子的浓度较高时,晶体的导电能力增强。换言之,本征半导体的电导率将随温度的增加而增加。

三、杂质半导体

(一)P型半导体

在硅的晶体内掺入少量三价元素杂质,如硼等,因硼原子只有3个价电子,它与周围硅原子组成共价键时,因缺少一个电子,在晶体中便产生一个空位,当相邻共价键上的电子受到热振动或在其他激发条件下获得能量时,就有可能填补这个空位,使硼原子成了不能移动的负离子,而原来硅原子的共价键则因缺少一个电子,形成了空穴,但整个半导体仍呈中性,如图1-4所示。

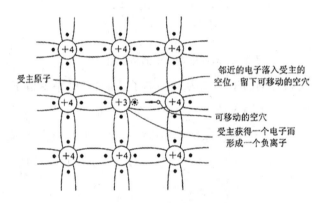

图1-4 P型半导体的共价键结构

因为硼原子在硅晶体中能接受电子,故称硼为受主杂质或P型杂质(P是Positive的首字母,由于该类型半导体中参与导电的多数载流子为带正电荷的空穴,因此而得名)。在硅中加入的受主杂质除硼外尚有铟和铝。

值得注意的是,在加入受主杂质产生空穴的同时,并不产生新的自由电子,但原来的本征晶体由于本征激发仍会产生少量的电子-空穴对。控制掺入杂质的多少,便可控制空穴数量。在P型半导体中,空穴数远大于自由电子数,在这种半导体中,以空穴导电为主。因而空穴为多数载流子,简称多子;自由电子为少数载流子,简称少子。

若用 N_A 表示受主原子的浓度,n 表示少子电子的浓度,p 表示总空穴的浓度,则有如下的浓度关系:

$$N_A + n = p \qquad\qquad (1\text{-}1\text{-}2)$$

这是因为材料中的剩余电荷浓度为零时,或者说,离子化的受主原子的负电荷加上自由电子一定与空穴的正电荷相等。

(二)N 型半导体

仿照 P 型半导体,为在半导体内产生多余的电子,可以将一种施主杂质或 N 型杂质掺入硅的晶体内。施主原子在掺杂半导体的共价键结构中剩余一个电子。在硅工艺中,典型的施主杂质有磷、砷和锑。当一个施主原子加入半导体后,其多余的电子易受热激发而挣脱原子核的束缚成为自由电子,如图 1-5 所示。自由电子参与传导电流,它移动后,在施主原子的位置上留下一个固定的、不能移动的正离子,但半导体仍保持中性。此外,在产生自由电子的同时,并不产生相应的空穴。正因为掺入施主杂质的半导体会有多余的自由电子,故称之为电子型半导体或 N 型半导体(N 是 Negative 的首字母,由于该类型半导体中参与导电的多数载流子为带负电荷的自由电子,因此而得名)。在 N 型半导体中,电子为多数载流子,空穴为少数载流子。

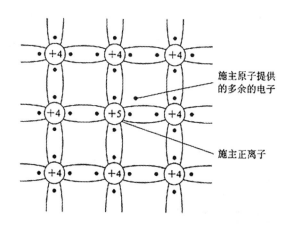

图 1-5　N 型半导体的共价键结构

综上所述,半导体掺入杂质后,载流的数目都有相当程度的增加。若每个受主杂质都能产生一个空穴,或者每个施主杂质都能产生一个自由电子,则尽管杂质含量很少,但它们对半导体的导电能力却有很大的影响。因而在半导体中掺入杂质是提高半导体导电能力的最有效方法。

仿照前面描述的方法,若用 N_D 表示施主原子的浓度,n 表示总自由电子的浓度,p 表示少子空穴的浓度,则有如下的浓度关系:

$$n = p + N_D \qquad (1-1-3)$$

上式表明,离子化的施主原子和空穴的正电荷必为自由电子的负电荷所平衡,以保持材料的电中性。

应当注意,通过施主原子数可以提高半导体内的自由电子浓度,由此增加了电子与空穴复合的概率,使本征激发产生的少子空穴的浓度降低。由于电子与空穴的复合,在一定温度条件下,使空穴浓度与电子浓度的乘积为一常数,即

$$pn = p_i n_i \qquad (1-1-4)$$

式中,$p_i n_i$ 分别为本征材料中的空穴浓度和电子浓度,考虑式(1.1.1)中的关系,则有如下的等式:

$$pn = n_i^2 \qquad (1-1-5)$$

四、PN 结的形成及特性

(一)载流子的漂移与扩散

由于热能的激发,半导体内的载流子将进行随机的无定向移动,载流子在任意方向上的平均速度为零。若有电场加到晶体上,则内部载流子将受力做定向移动。对于空穴而言,其移动方向与电场方向相同,而电子则是逆着电场的方向移动的。由于电场作用而导致载流子的运动称为漂移,其速度与电场矢量成比例。

在半导体内,由于制造工艺和运行机制等原因,致使某一特定的区域内,其空穴或电子的浓度高于正常值。基于载流子的浓度差异和随机热运动速度,载流子由高浓度区域向低浓度区域扩散,从而形成扩散电流。如果没有外来的超量载流子的注入或电场的作用,晶体内的载流子浓度将趋于均匀,直至扩散电流为零。

(二)PN 结的形成

如前所述,P 型半导体中含有受主杂质,在室温下,受主杂质电离为带正电的空穴和带负电的受主离子。N 型半导体中含有施主杂质,在室温下,施主杂质电离为带负电的自由电子和带正电的施主离子。此外,P 型半导体和 N 型半导体中还有少数受本征激发产生的自由电子和空穴,通常本征激发产生的载流子要比掺入杂质产生的载流子少得多。

在半导体两个不同的区域分别掺入三价和五价杂质元素,便形成 P 型区和 N 型区。这样,在它们的交界处就出现了电子和空穴的浓度差异,N 型区内电

子浓度很高,而 P 型区内空穴浓度很高。电子和空穴都要从浓度高的区域向浓度低的区域扩散,即有一些电子要从 N 型区向 P 型区扩散,也有一些空穴要从 P 型区向 N 型区扩散,如图 1-6 所示。它们扩散的结果就使 P 区和 N 区的交界处原来呈现的电中性被破坏了。P 区一边失去空穴,留下了带负电的杂质离子;N 区一边失去电子,留下了带正电的杂质离子。半导体中的离子虽然也带电,但由于物质结构的关系,它们不能任意移动,因此并不参与导电。这些不能移动的带电粒子集中在 P 区和 N 区交界面附近,形成了一个很薄的空间电荷区,这就是所谓的 PN 结。在这个区域内,多数载流子已扩散到对方并复合掉了,或者说消耗尽了。因此空间电荷区有时又称为耗尽区,它的电阻率很高。扩散越强,空间电荷区越宽。

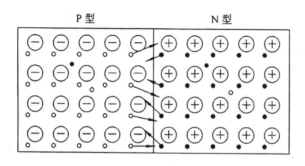

图 1-6　载流子的扩散

在出现了空间电荷区以后,由于正、负离子之间的相互作用,在空间电荷区中就形成了一个电场,其方向是从带正电的 N 区指向带负电的 P 区。由于这个电场是在 PN 结内部形成的,而不是外加电压形成的,故称为内电场,显然,这个内电场的方向是阻止载流子扩散运动的。

另一方面,根据电场的方向和电子、空穴的带电极性还可以看出,这个内电场将使 N 区的少数载流子空穴向 P 区漂移,使 P 区的少数载流子电子向 N 区漂移,漂移运动的方向正好与扩散运动的方向相反。从 N 区漂移至 P 区的空穴补充了原来交界面上 P 区失去的空穴,而从 P 区漂移到 N 区的电子补充了原来交界面上 N 区所失去的电子,这就使空间电荷减少了。因此,漂移的结果是使空间电荷区变窄,其作用正好与扩散运动相反。

由此可见,扩散运动和漂移运动是互相有关联又互相对立的,扩散使空间电荷区加宽,电场增强,对多数载流子扩散的阻力增大,但使少数载流子的漂移增强;而漂移使空间电荷区变窄,电场减弱,又使扩散容易进行。当漂移运动和扩散运动相等时,空间电荷区便处于动态平衡状态,如图 1-7 所示。空间电荷区也称为势垒区(在 PN 结空间电荷区内,电子要从 N 区到 P 区必须越过一个能量高坡,一般称为势垒)。

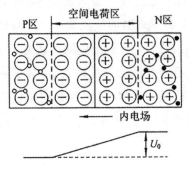

图 1-7　空间电荷区的形成

(三)PN 结的单向导电性

如果在 PN 结的两端外加电压,就会破坏 PN 结的平衡状态。当外加电压极性不同时,PN 结表现出完全不同的导电性能,即 PN 结呈现出单向导电性。

1. 外加正向电压

在图 1-8(a)中,当 PN 结外加电压 U,使 U 的正极接 P 区,负极串联电阻接 N 区,外加电场与 PN 结内电场方向相反时,称 PN 结外加正向电压,或称 PN 结正向偏置。在这个外加电场作用下,PN 结的平衡状态被打破,多数载流子都要向 PN 结移动,即 P 区空穴进入 PN 结后,就要和原来的一部分负离子中和,使 P 区的空间电荷量减少。同样,当 N 区电子进入 PN 结后,中和了部分正离子,使 N 区的空间电荷量减少,结果 PN 结变窄。由此扩散运动加剧,漂移运动减弱。由于电源的作用,扩散运动源源不断地进行,从而形成电流,PN 结导通。PN 结导通时的结压降只有零点几伏,因而在它所在的回路中串联一个限流电阻,防止 PN 结因正向电流过大而损坏。

在这种情况下,由少数载流子形成的漂移电流,其方向与扩散电流相反,和正向电流比较,其数值很小,可忽略不计。

2. 外加反向电压

在图 1-8(b)中,外加电压 U 的正极接 N 区,负极接 P 区,外加电场方向与 PN 结内电场方向相同,称 PN 结外加反向电压,或称 PN 结反向偏置。在这种外电场作用下,P 区中的空穴和 N 区中的电子都将进一步离开 PN 结,使耗尽区厚度加宽,此时多子扩散运动减弱,少子漂移运动的加剧,形成反向电流,也称漂移电流。因为少子的数目极少,即使所有的少子都参与漂移运动,反向电流也很小,所以在近似分析中经常忽略不计,认为 PN 结外加反向电压时处于截止状态。由于少子的浓度受温度的影响,在某些实际应用中,必须予以考虑。

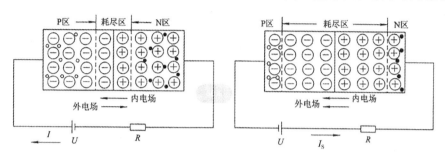

图 1-8　PN 结的单向导电性

由此看来,PN 结加正向电压时,电阻值很小,PN 结导通;加反向电压时,电阻值很大,PN 结截止,这就是它的单向导电性。PN 结的单向导电性关键在于它的空间电荷区即耗尽区的存在,且其宽度随外加电压而变化。

3. PN 结 U-I 特性的表达式

现以硅结型二极管的 PN 结为例,来说明它的 U-I 特性表达式。在硅二极管 PN 结的两端,施加正、反向电压时,通过 PN 结的电流为

$$i_D = I_S(e^{\frac{u_D}{nu_T}} - 1) \tag{1-1-6}$$

式中,i_D 是通过 PN 结的电流;u_D 是 PN 结两端的外加电压;n 是发射系数,它与 PN 结的尺寸、材料及通过的电流有关,其值在 1~2 之间;U_T 是温度的电压当量,$U_T = kT/q$,其中 k 为波尔兹曼常数(1.38×10^{-23} J/K),T 为热力学温度,即绝对温度(单位为 K,0 K $= -273$℃),q 为电子电荷(1.6×10^{-19} C),常温(300 K)下,$U_T = 0.026$V;I_S 是反向饱和电流。

关于式(1-1-6),可解释如下:

当二极管的 PN 结两端加正向电压时,电压 U_D 为正值,当 U_D 比 U_T 大几倍时,式(1-1-6)中的 $e^{\frac{u_D}{nu_T}}$ 远大于 1,括号中的 1 可以忽略。这样,二极管的电流 i_D 与电压 U_D 成指数关系,如图 1-9 中的正向电压部分所示。

当二极管加反向电压时,U_D 为负值。若 $|U_D|$ 比 nU_T 大几倍,则指数项趋近于零,因此 $i_D = -I_S$,如图 1-9 中的反向电压部分所示。可见,当温度一定时,反向饱和电流 I_S 是个常数,不随外加反向电压的大小而变化。

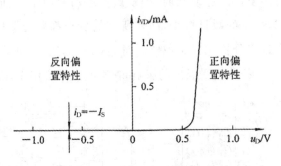

图 1-9 硅二极管 PN 结的 U-I 特性

四、PN 结的反向击穿

在测量 PN 结的 *U-I* 特性时,如果加到 PN 结两端的反向电压增大到一定数值,反向电流突然增加,如图 1-10 所示。这个现象称为 PN 结的反向击穿(电击穿)。发生击穿所需的反向电压 U_{BR} 称为反向击穿电压。PN 结电击穿后电流很大,容易使 PN 结发热。这时 PN 结的电流和温度进一步升高,从而很容易烧毁 PN 结。反向击穿电压的大小与 PN 结制造参数有关。

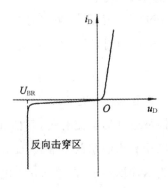

图 1-10 PN 结的反向击穿

产生 PN 结电击穿的原因是,当 PN 结反向电压增加时,空间电荷区中的电场随之增强。产生漂移运动的少数载流子通过空间电荷区时,在很强的电场作用下获得足够的动能,与晶体原子发生碰撞,从而打破共价键的束缚,形成更多的自由电子-空穴对,这种现象称为碰撞电离。新产生的电子和空穴与原有的电子和空穴一样,在强电场作用下获得足够的能量,继续碰撞电离,再产生电子-空穴对,这就是载流子的倍增效应。当反向电压增大到某一数值后,载流子的倍增情况就像在陡峻的积雪山坡上发生雪崩一样,载流子增加得多而快,使反向电流急剧增大,于是 PN 结被击穿,这种击穿也称为雪崩击穿。

PN 结击穿的另一个原因是,在加有较高的反向电压下,PN 结空间电荷区存在一个很强的电场,它能够破坏共价键的束缚,将电子分离出来产生电子-空穴对,在电场作用下,电子移向 N 区,空穴移向 P 区,从而形成较大的反向电流,这种击穿现象称为齐纳击穿。发生齐纳击穿需要的电场强度约为 2×10^5 V/cm,这只有在杂质浓度特别高的 PN 结中才能达到,因为杂质浓度大,空间电荷区内电荷(即杂质离子)密度也大,因而空间电荷区很窄,电场强度就可能很高。

齐纳击穿的物理过程和雪崩击穿完全不同。一般整流二极管掺杂浓度不是特别高,它的电击穿多数是雪崩击穿造成的。齐纳击穿多数出现在特殊的二极管中,如齐纳二极管(稳压管)。

必须指出的是,上述两种电击穿过程是可逆的,当加在稳压管两端的反向电压降低后,管子仍可以恢复原来的状态。但它有一个前提条件,就是反向电流和反向电压的乘积不超过 PN 结容许的耗散功率,超过了就会因为热量散不出去而使 PN 结温度上升,直到过热而烧毁,这种现象称为热击穿。热击穿和电击穿的概念是不同的,但往往电击穿与热击穿共存。电击穿可为人们所利用(如稳压管),而热击穿则是必须尽量避免的。

(五)PN 结的电容效应

PN 结的电容效应直接影响半导体器件(二极管、三极管、场效应管等)的高频和开关性能。下面介绍 PN 结的两种电容效应,即扩散电容和势垒电容。

1. 扩散电容

PN 结处于正向偏置时,PN 结的正向电流为扩散电流,在扩散路程中,载流子不但有一定的浓度,而且必然有一定的浓度梯度,即浓度差。当 PN 结的正向电压增大时,载流子的浓度增大且浓度梯度也增大,从外部看,正向电流(扩散电流)增大。当外加正向电压减少时,与上述变化相反。扩散过程中载流子的这种变化是电荷的积累和释放的过程,与电容器的充放电过程相同,这种电容效应称为扩散电容 C_D。

2. 势垒电容

接下来考虑 PN 结处于反向偏置的情况。当外加电压增加时,势垒电位增加,结电场增强,多数载流子被拉出而远离 PN 结,势垒区将增宽;反之,当外加电压减小时,势垒区变窄。势垒区的变化,意味着区内存储的正、负离子电荷数的增减,类似于平行板电容器两极板上电荷的变化。此时 PN 结呈现出的电容效应称为势垒电容 C_B,不同的是,势垒电容是非线性的。PN 结加反向电压时,C_B 明显随外加电压的变化而变化,可以利用这一特性制成变容二极管。

3.结电容

PN 结的电容效应是扩散电容 C_D 和势垒电容 C_B 的综合反映,由于 C_D 和 C_B 一般都很小,对于低频信号呈现出很大的容抗,其作用可忽略不计,但在高频运用时,必须考虑 PN 结电容的影响。PN 结电容的大小除了与本身结构和工艺有关外,还与外加电压有关。当 PN 结处于正向偏置时,结电容较大(主要决定于扩散电容 C_D);当 PN 结处于反向偏置时,结电容较小(主要决定于势垒电容 C_B)。

第二节 半导体二极管

一、半导体二极管的结构和符号

利用 PN 结的单向导电性,可以制造一种半导体器件——半导体二极管(简称二极管)。半导体二极管是由 PN 结加相应的电极和外壳封装制成的,如图 1-11(a)所示,P 区的引出线称为二极管的正极,N 区的引出线称为二极管的负极。虽然二极管在材料和制造工艺上各不相同,但在电路图中均可用图 1 - 11(b)所示的电路符号来表示,其箭头表示二极管导通时的电流方向,二极管的电流只能从正极流向负极,不能从负极流向正极,这也是为了表达它的单向导电性。

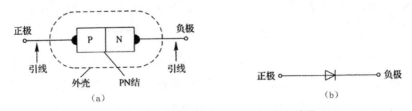

图 1-11 半导体二极管的结构与符号

(a)结构示意图 (b)电路符号

根据结构的不同,二极管又分为点接触型、面接触型和平面型三种。其结构类型如图 1-12 所示。其中点接触型二极管 PN 结接触面小,适宜在小电流状态下使用,面接触型和平面型二极管 PN 结接触面大,载流量大,适合于大电流场合中使用。

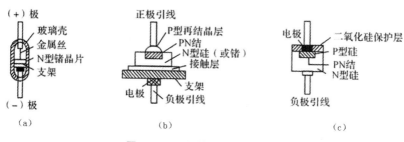

图 1-12　二极管的结构类型

（a）点接触型　（b）面接触型　（c）平面型

二、二极管的特性

（一）二极管的伏安特性

二极管的核心部分是 PN 结，PN 结具有单向导电性，这也是二极管的主要特性。二极管的导电性能由加在二极管两端的电压（U）和流过二极管的电流（I）来决定，这两者之间的关系称为二极管的伏安特性。用于定量描述这两者关系的曲线称为伏安特性曲线，如图 1-13 所示，二极管的导电特性可分为正向特性和反向特性两部分。

二极管的伏安特性可近似地用 PN 结的伏安特性方程表示，即

$$i_D = I_S(e^{\frac{u_D}{U_T}} - 1) \tag{1-2-1}$$

式中：u_D 为加在 PN 结上的电压，其规定正方向是 P 区端为正，N 区端为负；i_D 为 PN 结在外电压 u_D 作用下流过的电流，其规定正方向是从 P 区流向 N 区；I_S 为 PN 结反向饱和电流；U_T 为温度电压当量，是一个常规的参数，在常温下，$U_T \approx 26\text{mV}$。

1. 正向特性

(1)死区：当外加电压为零时，电流也为零，故曲线经过原点。当二极管加上正向电压且较低时，电流非常小，如 OA、OA' 段，通常称这个区域为死区。硅二极管的死区电压约为 0.5 V，锗二极管的死区电压约为 0.2 V。在实际应用中，通常近似认为在死区电压范围内，二极管的正向电流为零，不导通。

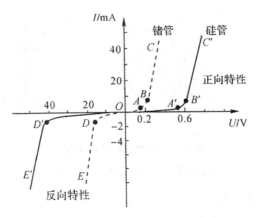

图 1-13　二极管的伏安特性曲线

(2)非线性区:当正向电压大于死区电压之后,正向电流逐渐增加,如图 1-13 中的 AB 和 $A'B'$ 段所示,此时二极管由截止转为正向导通。

(3)线性区:当二极管正向导通后,正向电流直线增加,如图 1-13 中的 BC 和 $B'C'$ 段所示,二极管两端的管压降(二极管两端的电压)变化不大,硅管为 $0.6\sim0.8$ V,锗管为 $0.2\sim0.3$ V。

综上可见,二极管正向导通是有条件的,并不是加上正向电压就导通,而是加上正向电压且正向电压值大于死区电压时二极管才导通。

2.反向特性

(1)反向截止区:在二极管两端加上反向电压时,有微弱的反向电流,如图 1-13 中的 OD 和 OD' 段所示。硅管的反向电流一般为几至几十微安,锗管的反向电流一般为几十至几百微安,此时二极管即为反向截止。在一定范围内,反向电流与所加反向电压无关,但它随温度上升而增加得很快。反向电流也称反向饱和电流,它的大小是衡量二极管质量好坏的一个重要指标,其值越小,二极管质量越好。一般情况下可以忽略反向饱和电流,认为二极管反向不导通。

(2)反向击穿区:当反向电压继续增大到一定数值后,反向电流会突然增大,如图 1-13 中的 DE 和 $D'E'$ 段所示,这时二极管失去了单向导电性,这种现象称为二极管反向击穿,此时二极管两端所加的电压称为反向击穿电压。二极管反向击穿(也称电压击穿)后,只要采取限流措施使反向电流不超过允许值,降低或去掉反向电压后,二极管可恢复正常;如不采取限流措施,很大的反向电流流过二极管会迅速发热,将导致二极管产生热击穿而永久性损坏。

二极管的击穿有电压击穿和热击穿之分。电压击穿后二极管可恢复正常,而热击穿后二极管不能恢复正常。

由此可见,二极管的特性曲线不是直线,表明二极管是一个非线性元件,这是二极管的一个重要特性。

(二)温度对二极管的影响

温度对二极管特性有显著的影响,如图 1-14 所示。当温度升高时,正向特性曲线向左移,反向特性曲线向下移。具体变化规律为:在室温附近,温度每升高 1℃,正向压降减小 2～2.5 mV;温度每升高 10℃,反向电流约增大一倍。正向压降减小的主要原因是:当温度升高时,PN 结的内建电位差 U_B 将减小,因而克服 PN 结的内电场对多子扩散运动的阻碍作用所需的死区电压减小,正向压降也相应减小。反向电流增大的主要原因是:当温度升高时,由本征激发所产生的少子浓度增大,因而由少子漂移而形成的反向电流也增大。

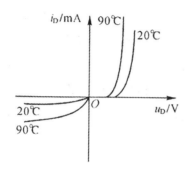

图 1-14　温度对二极管伏安特性曲线的影响

若温度过高,将导致本征激发所产生的少子浓度过大,使少子浓度与多子浓度相当,杂质半导体变得与本征半导体相似,PN 结消失,二极管失效。其他半导体器件也存在这种高温失效现象,为了避免半导体器件在高温下失效,一般规定硅管的最高允许结温为 150～200℃,锗管的最高允许结温为 75～100℃。

第三节　二极管的基本应用

利用二极管的伏安特性,可以构成多种应用电路。例如:利用单向导电性,可以构成整流电路、门电路;利用正向恒压特性,可以构成低电压稳压电路、限幅电路。本节重点讨论常见的单相整流电路(半波、全波、桥式整流电路)。

实际使用中,往往希望二极管具有正偏时导通、电压降为零,反偏时截止、电流为零、反向击穿电压为无穷大的理想特性。具有这样特性的二极管称为理想二极管,也称为二极管的理想模型,其伏安特性和电路符号如图 1-15 所示。显然,理想二极管就是一个理想开关,正偏导通时开关合上,反偏截止时开关断开。

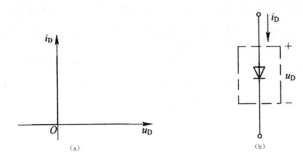

图 1-15 半导体二极管的理想模型

(a)伏安曲线 (b)电路符号

由实际二极管的伏安特性曲线可知:$u_D > u_{D(on)}$ 时,二极管导通,导通后电压降约为 $u_{D(on)}$;$u_D < u_{D(on)}$ 时,二极管截止,二极管电流值为 0,故可用图 1-16 所示的模型来等效二极管,这种模型称为恒压降模型。

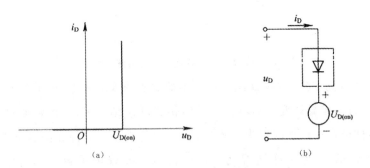

图 1-16 半导体二极管的恒压降模型

(a)伏安曲线 (b)等效电路

将二极管用理想模型或恒压降模型代替后,就可把非线性电路转化为线性电路,使分析简化。

二、单相半波整流电路

(一)电路结构

单相半波整流电路由变压器 T、二极管 VD 和负载 R_L 组成,如图 1-17(a)

所示。变压器的作用是将交流电压变换到所需要的值。二极管的作用是将交流电变成单方向脉动直流电，即二极管为整流元件。负载电阻 R_L 表示耗能元件。

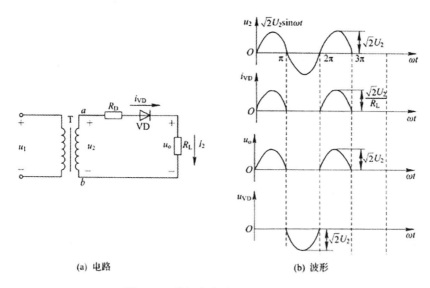

(a) 电路 (b) 波形

图 1-17 单相半波整流电路及波形

(二)工作原理

变压器次级电压为 $u_2 = \sqrt{2}U_2 sin\omega t$，将其加在二极管上，由于二极管的单向导电性，只允许某半周的交流电通过二极管加在负载上，这样负载电流只有一个方向，从而实现整流。

当 u_2 为正半周时，次级绕组电压极性上正下负，二极管 VD 正偏，$u_D > 0.5V$ 时导通，有电流流过负载 R_L，产生输出电压 U_O；当 u_2 为负半周时，次级绕组电压极性上负下正，二极管 VD 反偏而截止，负载 R_L 上没有电流流过，R_L 两端没有电压，此时 u_2 全加在二极管 VD 上。

可见，变压器次级电压为交流电，而负载 R_L 上流过的电流和获得的电压为脉动直流电。波形如图 1-17(b)所示。如果二极管 VD 接反，负载 R_L 上将获得负电压。

三、单相全波整流电路

(一)电路结构

单相全波整流电路由两个半波整流电路组成。该电路所用电源变压器次级有中心抽头,将初级电压变换成大小相等、相位相反的两个电压,由两只二极管 VD_1、VD_2 分别完成对交流电两个半周的整流,并向负载 R_L 提供单向脉动电流,如图 1-18 所示。

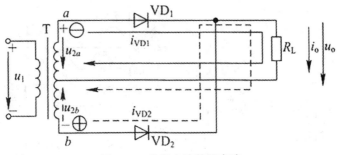

图 1-18　单相全波整流电路

(二)工作原理

在交流电压 u_2 的正半周,a 端为正,b 端为负,抽头处的电位介于 a 端电位与 b 端电位之间,二极管 VD_1,正偏导通,VD_1 反偏截止,电流流经路径如图 1-18 中实线箭头所示;在 u_2 的负半周,a 端为负,b 端为正,二极管 VD_1,反偏截止,VD_1 正偏导通,电流流经路径如图 1-18 中的虚线箭头所示。

可见,在交流电压 u_2 的正、负两个半周内,VD_1、VD_2 轮流导通,在负载 R_L 上总是得到自上而下的单向脉动电流。与半波整流相比,它有效地利用了交流电的负半周,所以整流效率提高了 1 倍。全波整流波形如图 1-19 所示。

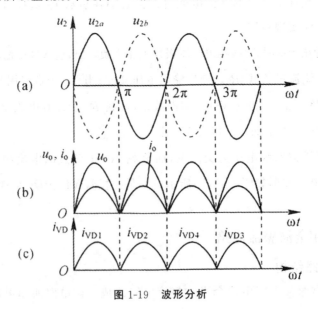

图 1-19　波形分析

四、单相桥式整流电路

(一)电路结构

单相桥式整流电路由电源变压器 T。四只整流二极管 $VD_1 \sim VD_2$ 和负载 R_L 组成。其中四只整流二极管组成桥式电路的四条臂,变压器次级绕组的两个头和负载 R_L 的两个头分别接在桥式电路的两条对角线顶点,如图 1-20 所示,其中图(a)为常用画法,图(b)为变形画法,图(c)为简单画法。

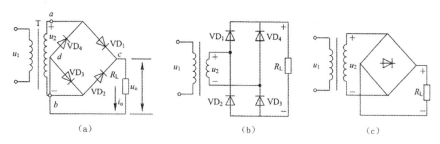

图 1-20 桥式整流电路

(a)常用画法 (b)变形画法 (c)简单画法

(二)工作原理

设次级输出交流电压 $u_2 = \sqrt{2}U_2 sin \omega t$。在 u_2 的正半周,a 端为正、b 端为负,二极管 VD_1 和 VD_3 正偏导通,VD_2 和 VD_4 反偏截止。若将截止的 VD_2 和 VD_4 略去,在图 1-21(a)中可以看出单向脉动电流流向为:$a \rightarrow VD_1 \rightarrow c \rightarrow R_L \rightarrow d \rightarrow VD_3 \rightarrow b$;在 u_2 的负半周,a 端为负,b 端为正,二极管 VD_2 和 VD_4 正偏导通,VD_1 和 VD_3 反偏截止,若将截止的 VD_1 和 VD_3 略去,在图 1-21(b)中可以看出单向脉动电流流向为:$b \rightarrow VD_2 \rightarrow c \rightarrow R_L \rightarrow d \rightarrow VD_4 \rightarrow a$。

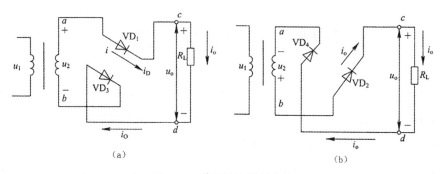

图 1-21 桥式整流原理分析

(a)正半周工作过程 (b)负半周工作过程

可见,在交流电压 u_2 的正、负两个半周内,负载 R_L 上都能获得自上而下的脉动电流和同极性的脉动电压。负载电流 I_O 和负载电压 U_O 均为两个半波的合成。电源的两个半波都能向负载供电,所以桥式整流仍属于全波整流,其电压波形如图 1-22 所示。

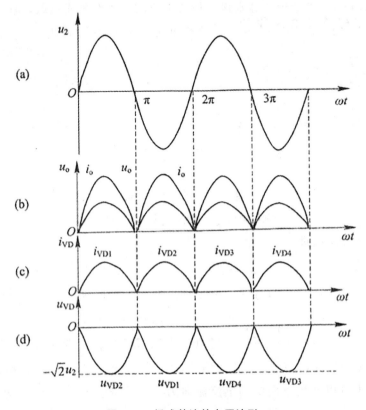

图 1-22　桥式整流的电压波形

第四节　半导体三极管

双极型晶体管 BJT(Bipolar Junction Transistor)又称晶体三极管、半导体三极管,后面简称晶体管,是一种三端器件,内部含有两个离得很近的背靠背排列的 PN 结(发射结和集电结)。两个 PN 结上加不同极性、不同大小的偏置电压时,半导体三极管呈现不同的特性和功能。内部结构特点使晶体管具有电流放大作用和开关作用,这促使电子技术有了质的飞跃。

　　双极型晶体管因其有自由电子和空穴两种极性的载流子参与导电而得名。它的种类很多,按照所用的半导体材料分,有硅管和锗管;按照工作频率分,有低频管和高频管;按照功率分,有小、中、大功率管等,常见的晶体管外形如 1-23 所示。

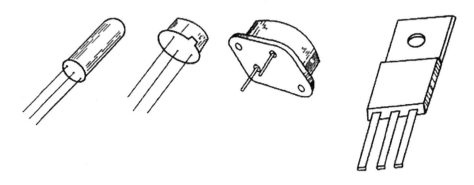

图 1-23　几种 BJT 的外形

一、BJT 的结构及类型

　　BJT 的结构示意图如图 1-24(a)、(b)所示。在一个硅(或锗)片上生成三个杂质半导体区域,一个 P 区(或 N 区)夹在两个 N 区(或 P 区)中间,因此 BJT 有两种类型,即 NPN 型和 PNP 型。从三个杂质区域各自引出一个电极,分别叫作发射极 e、集电极 c、基极 b,它们对应的杂质区域分别称为发射区、集电区和基区。BJT 结构的特点是:基区很薄(微米数量级),而且掺杂浓度很低;发射区和集电区是同类型的杂质半导体,但前者比后者掺杂浓度高很多,而集电区的面积比发射区面积大,因此它们不是电对称的。三个杂质半导体区域之间形成两个 PN 结,发射区与基区间的 PN 结称为发射结,集电区与基区间的 PN 结称为集电结。图 1-24(c)、(d)分别是 NPN 型和 PNP 型 BJT 的符号,其中发射极上的箭头表示发射结加正偏电压时,发射极电流的实际方向。

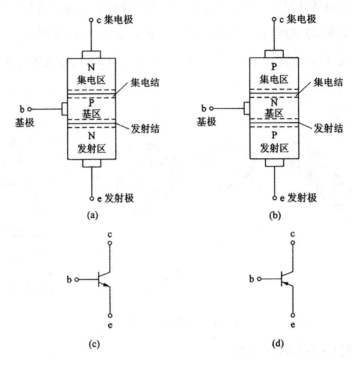

图 1-24　两种类型 BJT 的结构示意图及其电路符号

(a)NPN 型管结构示意图　(b)PNP 型管结构示意图

(c)NPN 型管结构示意图　(d)PNP 型管结构示意图

集成电路中典型 NPN 型 BJT 的结构截面图如图 1-25 所示。

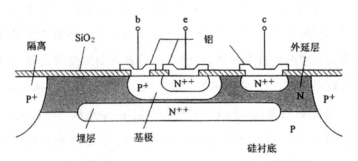

图 1-25　集成电路中典型 NPN 型 BIT 的结构截面图

本节主要讨论的是 NPN 型 BIT 及其电路,但结论对 PNP 型同样适用,只不过两者所需电源电压的极性相反,产生的电流方向相反。

二、放大状态下 BJT 的工作原理

放大是对模拟信号最基本的处理。BIT 是放大电路的核心元件,它能够控

制能量的转换,将输入的任何微小变化不失真地放大输出。

图 1-26 为基本放大电路,Δu_1 为输入电压信号,它接入基极-发射极回路,称为输入回路;放大后的信号在集电极-发射极回路,称为输出回路。由于发射极是两个回路的公共端,故称该电路为共射极放大电路。使 BJT 工作在放大状态下的外部条件是发射结正向偏置且集电结反向偏置。为了满足上述条件,在输入回路中应加基极电源 U_{BB};在输出回路中应加集电极电源 U_{CC},且 U_{BB} 小于 U_{CC};它们的极性如图 1-26 所示。晶体管的放大作用表现为小的基极电流可以控制大的集电极电流。下面从内部载流子的运动与外部电流的关系进一步分析。

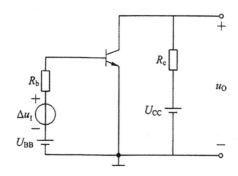

图 1-26　共射极放大电路

(一)BJT 内部载流子的传输过程

当图 1-26 所示电路中 $\Delta u_1 = 0$ 时,BIT 内部载流子运动示意图如图 1-27 所示。

扩散运动形成发射极电流 I_E。因为发射结加正向电压,又因为发射区杂质浓度高,所以大量电子因扩散运动越过发射结到达基区。与此同时,空穴也从基区向发射区扩散,但由于基区杂质浓度低,所以空穴形成的电流非常小,近似分析时可忽略不计。

由于基区很薄,杂质浓度很低,集电结又加了反向电压,所以扩散到基区的电子中只有很少部分与空穴复合,又由于电源 U_{BB} 的作用,电子与空穴的复合作用源源不断地进行而形成基极电流 I_B。

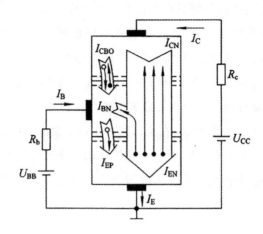

图 1-27 晶体管内部载流子运动与外部电流

漂移运动形成集电极电流 I_C。由于集电结加反向电压且其结面积较大，大多数扩散到基区的电子在外电场作用下越过集电结到达集电区，形成漂移电流。与此同时，集电区与基区内的少子也参与漂移运动，形成电流 I_{CBO}，但由于少子的数量很小，近似分析中可忽略不计。

(二)BJT 的电流分配关系和电流放大系数

上述分析表明，在近似分析时，各电极直流电流可以表示为

$$I_E = I_{EN} + I_{EP} \approx I_{EN} \tag{1-4-1}$$

$$I_C = I_{CBO} + I_{CO} \tag{1-4-2}$$

$$I_B = I_{BN} + I_{EP} - I_{CBO} \approx I_{BN} - I_{CBO} \tag{1-4-3}$$

从外部看，

$$I_E = I_C + I_B \tag{1-4-4}$$

电流 I_{CN} 和 I_{EN} 的比值定义为共射极直流电流放大系数 $\bar{\beta}$，即

$$\bar{\beta} = \frac{I_{CN}}{I_{BN}} = \frac{I_C - I_{CBO}}{I_B - I_{CBO}} \tag{1-4-5}$$

由此

$$I_C = \bar{\beta}I_B + (1 + \bar{\beta})I_{CBO} = \bar{\beta}I_B + I_{CEO} \tag{1-4-6}$$

式中，I_{CEO} 称为穿透电流，其物理意义是，当基极开路 $I_B = 0$ 时，在集电极电源 U_{CC} 作用下的集电极与发射极之间形成的电流；I_{CBO} 是发射极开路时，集电结的反向饱和电流。一般情况下，$I_B \gg I_{CBO}$，$\bar{\beta} \gg 1$，因此

$$I_C \approx \bar{\beta} I_B \tag{1-4-7}$$

$$I_B \approx (1 + \bar{\beta}) I_B \tag{1-4-8}$$

在图 1-26 所示的电路中,若有输入电压 Δu_1 作用,则 BJT 的基极电流将在 I_B 基础上叠加动态电流 Δi_B,集电极电流也将在 I_C 的基础上叠加动态电流 Δi_C,Δi_C 与 Δi_B 之比称为共射极交流电流放大系数,记作 β,即

$$\beta = \frac{\Delta i_C}{\Delta i_B} \tag{1-4-9}$$

如果在 Δu_1 作用时 β 基本不变,则集电极电流为

$$i_C = I_C + \Delta i_C = \bar{\beta} I_B + I_{CEO} + \beta \Delta i_B$$

在近似分析时,穿透电流可以忽略不计,则可以认为

$$\beta \approx \bar{\beta} \tag{1-4-10}$$

式(1-4-10)表明,在一定范围内,可以用 BJT 在某一直流量下的 Δi_B 来取代,在此基础上加动态信号时的 β。由于在 I_E 较宽的数值范围内 $\bar{\beta}$ 基本不变,因此在近似分析中不对 $\bar{\beta}$ 和 β 加以区分。但是,不同型号的三极管 β 相差甚远,数值从几十到几百。

以发射极电流作为输入电流,以集电极电流作为输出电流,为 BJT 的共基接法。共基极直流电流放大系数记为 $\bar{a}$:

$$\bar{a} = \frac{I_{CN}}{I_{EN}} \approx \frac{I_C}{I_E} \tag{1-4-11}$$

根据式(1-4-4)可以得出 $\bar{a}$ 与 $\bar{\beta}$ 的关系,即

$$\bar{\beta} = \frac{\bar{a}}{1 - a} \text{ 或 } \bar{a} = \frac{\bar{\beta}}{1 + \beta} \tag{1-4-12}$$

共基极交流电流放大系数 a 的定义为

$$a = \frac{\Delta i_C}{\Delta i_E} \tag{1-4-13}$$

与 $\beta = \bar{\beta}$ 相同,近似分析中认为 $a = \bar{a}$。

BJT 有三个电极,在放大电路中可有三种连接方式,共基极、共发射极(简称共射极)和共集电极,即分别把基极、发射极、集电极作为输入和输出端口的

共同端。无论是哪种连接方式,要使 BIT 有放大作用,都必须保证发射结正偏、集电结反偏,其内部载流子的传输过程相同。

第五节　光敏晶体管与光电耦合器

一、光敏晶体管

(一)光敏晶体管的结构与外形

以接受光的信号而将其变换为电气信号为目的制成的晶体管称为光敏晶体管,也称为光电晶体管。光敏晶体管外形及电路符号如图 1-28 所示。一般光敏晶体管只引出两个引脚(E 和 C)极,基极 B 不引出,管壳上也开有方便光线射入的窗口。

(二)光敏晶体管的工作原理

与普通晶体管一样,光敏晶体管也有两个 PN 结,且有 PNP 型和 NPN 型之分。使用时,必须使发射结正偏,集电结反偏,以保证晶体管工作在放大状态。在无光照时,流过晶体管的电流为

$$I_C = I_{CEO} = (1 + \beta) I_{CBO}$$

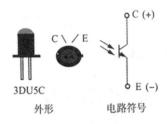

图 1-28　光敏晶体管外形及电路符号

其中,I_{CBO} 为集电结反向饱和电流,I_{CEO} 为穿透电流。当有光照时,流过集电结的反向电流增大到 I_L ,此时,流过晶体管的电流为

$$I_C = (1 + \beta) I_L$$

因为光敏晶体管有电流放大作用,所以在相同的光照条件下,光敏晶体管的光电流比光电二极管约大 β 倍,通常 β 为 $100 \sim 1000$,可见光敏晶体管比光敏二极管有更高的灵敏度。

光敏晶体管的部分参数与普通晶体管相似,如 I_{CM}、P_{CM} 等。其他主要参数还有暗电流、光电流、最高工作电压等。其中暗电流、光电流均指集电极电

流,最高工作电压指集电极和发射极之间允许施加的最高电压。

(三)光敏晶体管的分类

(1)从外观上可分为罐封闭型与树脂封入型,而各型又分别分为附有透镜的型式及单纯附有窗口的型式。

(2)从半导体晶方材料来看,有硅与锗两种,大部分为硅。

(3)从晶方构造上,可分为普通晶体管型与达林顿晶体管型。

(4)按用途,可分为以交换动作为目的的光敏晶体管与需要直线性的光敏晶体管,但光敏三极管的主流为交换组件,需要直线性时,通常使用光敏二极管。

二、光电耦合器

(一)光电耦合器的原理

光电耦合器是一种光电结合的半导体器件,是将一个发光二极管和一个光电三极管封装在同一个管壳内构成的。其电路符号如图 1-29 所示。

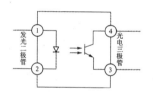

图 1-29　光电耦合器的电路符号

当在光电耦合器的输入端加电信号时,发光二极管发光,光电三极管受到光照后产生光电流,由输出端引出,于是实现了电—光—电的传输和转换。

光电耦合器的主要特点是:以光为媒介实现电信号传输,输入端与输出端在电气上是绝缘的,因此能有效地抗干扰、隔噪声。此外,它还具有速度快、工作稳定可靠、寿命长、传输信号失真小等优点。因此,在电子技术中得到越来越广泛的应用。

(二)光电耦合器的选用

选择光电耦合器应注意以下事项。

(1)在光电耦合器的输入部分和输出部分必须分别采用独立的电源,若两端共用一个电源,则光电耦合器的隔离作用将失去意义。

(2)当用光电耦合器隔离输入输出通道时,必须将所有的信号(包括数位量信号、控制量信号、状态信号)全部隔离,使得被隔离的两边没有任何电气上的关联,否则隔离没有意义。

第二章

基本放大电路

第一节　基本放大电路的组成与工作原理

　　放大电路是模拟电路中最基本、最典型的一种电路。可以说,凡是需要将微弱的模拟信号放大的场合都离不开放大电路。生活中接触比较多的家电产品如电视机、收音机,工作中可能用到的精密测量仪表、复杂的自动控制系统等,其中都有各种各样不同类型、不同要求的放大电路。因此,放大电路是应用最广泛的模拟电路。另外,其他模拟电路,如模拟信号运算电路、波形发生电路,乃至直流电源等,从工作原理上来说,都与放大电路有关,或者说,这些电路是在放大电路的基础上发展演变而来的。因此,放大电路是最基本的模拟电路。

　　扩音机的原理如图 2-1 所示。

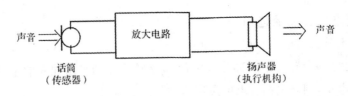

声音 ⇒　　　　放大电路　　　　　⇒ 声音

话筒　　　　　　　　　　　　　　扬声器
(传感器)　　　　　　　　　　　(执行机构)

图 2-1　扩音机的原理

　　微弱的声音经过话筒(传感器)被转换成电信号后,其能量很小,不能直接驱动扬声器(执行机构),因此,必须经放大电路放大为足够强的电信号,才能驱动扬声器,发出比人讲话大得多的声音。为了达到放大的目的,必须采用具有放大作用的电子器件。晶体管和场效应管便是常用的放大器件。

一、基本放大电路的组成

（一）放大的概念

所谓"放大"，从字面上看，似乎就是把一个小信号变为大信号。但这只是从表面现象看问题，没有抓住电子技术中"放大"的实质。在这里"放大"的概念有其特定的含义。在电子电路中，仅仅把一个信号的幅度增大并不认为就是放大。

从电子技术的观点来看，首先，"放大"的本质是实现能量的控制，即用能量较小的输入信号控制另一个能源，从而使输出端的负载上得到能量较大的信号。负载上信号的变化规律是由输入信号决定的，而负载上得到的较大信号能量是由另一个能源提供的。例如，从收音机天线上接收到的信号能量非常微弱，需要经过一系列的处理和放大，才能驱动扬声器发出声音。我们从扬声器听到的声音，取决于从天线上接收的信号，但功率很大的音量，其能量的来源是另外一个直流电源。由上面的例子可以看出，电子技术中的"放大"实质是能量的控制作用。

其次，放大作用是针对变化量而言的。放大是输入信号有一个较小的变化量，而在输出端的负载上得到一个变化量较大的信号。如果一个输入量永恒不变，也就没有必要放大了，后面将要讨论放大电路的放大倍数，也就是输出信号与输入信号的变化量之比，绝不能将输出端与输入端的直流量之比作为放大倍数。

（二）放大电路的组成原则

（1）放大电路必须有直流电源，并且极性与晶体管类型配合，使晶体管处于放大状态，即发射结正向偏置，集电结反向偏置。

（2）偏置电阻要与直流电源配合，以进一步保证晶体管工作在放大区。

（3）输入、输出回路的设置应当保证输入信号，能够进入晶体管的输入电极，放大后的电流信号能够转换成负载需要的电压形式从输出端输出。

（4）保证输出信号不出现非线性失真。

（三）放大电路的结构

正如放大电路是整个模拟电路的基础，其中的单管放大电路又是其他放大电路的基础。虽然实际使用的放大电路几乎都由多个放大级构成，基本见不到实用的单管电路，但是正如建造高楼大厦必须先打好地基一样，学习放大电路也要首先学习最简单的单管放大电路,从单管放大电路入手,学习放大的基本原理、放大电路的分析方法,在此基础上进一步学习多级放大电路,然后学习集成放大电路以及其他各种典型的模拟电路。

图 2-2 所示的放大器的基本电路中的负载电阻 R,并不一定是一个实际的电阻器,它可能是某种用电设备,如仪表、扬声器、显示器、继电器或下一级放大电路等。信号源也可能是一级放大电路,其中 $\dot{U}_S$ 为信号源电压,R_S 为信号源内阻。

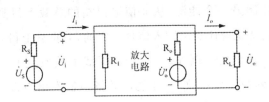

图 2-2　放大器的基本结构

共射极放大电路的主要作用是交流电压放大,将微弱电信号的幅度进行提升。其基本放大电路组成如图 2-3 所示。

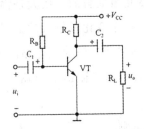

图 2-3　共射极基本放大电路

(四)放大电路各元件的作用

三极管 VT:它是放大电路的核心元件,在电路中起电流放大作用,它的工作状态决定了放大电路能否正常工作。

集电极直流电源电压 V_{CC}:正端经 R_C 接三极管的集电极,为集电结提供反向偏置。同时,它还为输出信号提供能源。V_{CC} 一般为几伏至几十伏。

集电极负载电阻 R_C:它将三极管集电极电流的变化转变为电压变化,以实现电压放大。R_C 的阻值一般为几千欧。

基极偏置电阻 R_B:它为三极管发射结提供正向偏置,产生一个大小合适的基极直流电流 I_B。调节 R_B 的阻值可控制 I_B 的大小,I_B 过大或过小的放大电路都不能正常工作。R_B 一般为几十千欧至几百千欧。

　　耦合电容 C_1 和 C_2：C_1 和 C_2 一方面起隔直作用，即利用 C_1（输入耦合电容）隔断放大电路与信号源之间的直流通路；利用 C_2（输出耦合电容）隔断放大电路和负载 R_L 之间的直流通路。另一方面耦合电容起耦合交流作用，如果适当选择这两个电容的电容量，可使它们对交流信号的容抗很小，以保证信号源提供的交流信号能畅通地输入放大电路，放大后的交流信号又能畅通地输入到负载 R_L。

二、基本放大电路的工作原理

　　在图 2-3 中，待放大的交流信号 u_i 加在放大电路的输入端。由于 C_1 的通交流作用，可以认为 u_i 直接加在三极管 VT 的基极和发射极之间，引起基极电流 I_B 作相应的变化，通过 VT 的电流放大作用，VT 的集电极电流 i_C 也将变化，i_C 的变化使 R_C 上产生相应的电压变化，从而引起 VT 的集电极和发射极之间的电压 u_{CE} 变化，u_{CE} 中的交流分量 u_{CE} 经过 C_2 畅通地输入到负载 R_L，成为输出交流电压 u_O。如果电路参数选择合适，就可使 u_O 的幅值远大于 u_i 的幅值，实现电压放大作用。上述过程可归纳为

$$u_i \xrightarrow{\text{VT}} u_{BE} \xrightarrow{\text{VT}} i_B \xrightarrow{\text{VT}} i_C \xrightarrow{\text{VT}} u_{CE} \xrightarrow{\text{VT}} u_O$$

　　由此可见，放大电路是一个在输入信号 u_i 和直流电源电压 V_{CC} 共同作用下的非线性电路。放大电路通常有两种工作状态，即静态和动态，静态分析常用估算法和图解法，动态分析常用图解法和微变等效电路法。

第二节　共发射极基本放大电路

　　在放大器基本组成电路中，晶体三极管可以采用不同的接法。例如，晶体三极管的基极和发射极都可作为放大电路的输入端，集电极和发射极都可作为放大电路的输出端。它们分别称为共发射极放大电路、共集电极放大电路和共基极放大电路，如图 2-4 所示。需要注意的是，放大电路的组态是针对交流信号而言的，对于晶体三极管放大器，观察输入信号作用在哪个电极，输出信号又从哪个电极取出，另一个电极即为组态形式。

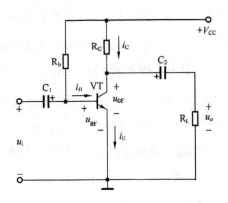

图 2-4　3 种组态放大器的基本组成电路

一、共发射极放大电路的组成

所谓基本放大电路,是指由一个具有放大作用的电子器件(如晶体三极管或场效应管)所构成的简单放大电路。然而,即使只用一只晶体三极管,放大电路的接法也可以有多种形式,本节将以应用最广的共发射极(以下简称为共射极)电路为例,来说明它的组成及工作原理。

图 2-5 所示为共发射极基本放大电路。电路由三极管(VT)、基极偏置电阻(R_b)、集电极负载电阻(R_c)、信号输入耦合电容(C_1)、信号输出耦合电容(C_2)及直流电源(V_{CC})组成。u_i 为外加的需放大的信号源。

(1)NPN 型晶体三极管起放大作用,是整个电路的核心器件。

(2)直流电源 U_{CC} 供给整个放大电路的能源,一方面,通过基极偏置电阻 R_b(一般在几十千欧到几百千欧),将电源 U_{CC} 的电压送至晶体三极管的基极,使发射结加正向偏置电压,同时,在 V_{CC}、R_b 和晶体三极管的 b、e 极之间构成一个直流回路,为基极提供合适的基极电流(I_B 常称为偏流);另一方面,通过集电极负载电阻 R_c(一般在几千欧到几十千欧)将电源 U_{CC} 的电压送至晶体三极管的集电极,使集电结加反向偏置电压,同时,在 V_{CC}、R_c 和晶体三极管的 c、e 极之间形成另一个闭合的直流通路。这样就为三极管提供了必要的放大条件,实现电流的控制作用。集电极负载电阻 R_c 还具有把晶体三极管集电极电流 i_C 的变化转换为集电极电压 u_{ce} 的变化的作用,反映到电路的输出端,从而使晶体三极管的电流放大特性以电压放大的形式表现出来。

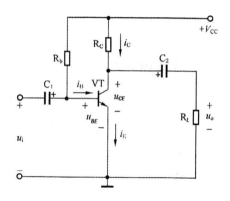

图 2-5　共射极基本放大电路

信号输入耦合电容 C_1 和信号输出耦合电容 C_2（一般在几微法至几十微法的范围）的作用是隔离直流，通过交流，所以也称为隔直电容。耦合电容 C_1 隔直流的作用是使输入信号与放大电路无直流联系；C_1 的耦合作用是使交流信号顺利地通过并加至放大电路的输入端。耦合电容 C_2 隔直流的作用一方面是使集电极的直流电压不能传输到输出端，另一方面保证放大电路的直流工作状态不受输出端负载电阻 R_L 的影响；其耦合作用体现在保证被放大了的交流信号能畅通地传输到电路的输出端。

输出回路由电源 V_{CC} 通过电阻 R_C 与晶体三极管串联。利用 R_C 的降压作用，将晶体三极管集电极电流的变化转换成集电极电压的变化，从而实现信号的电压放大。

二、放大过程分析

给放大电路接通直流电源 V_{CC}，则晶体三极管各极加上了适当的直流电压和直流电流，使得发射结正向偏置，集电结反向偏置，从而为晶体三极管的放大作用提供必要的条件。在放大电路中，未加输入信号（$u_i = 0$）时的状态为直流工作状态，简称静态。静态时，晶体三极管具有固定的 I_B、U_{BE} 和 I_C、U_{CE}，它们分别确定输入和输出特性曲线上的一个点，称为静态工作点，常用 Q 来表示。

当加入输入信号 u_i 时，电路处于交流状态或动态工作状态，简称动态。此时，发射结两端电压 U_{BE} 等于 u_i 与 U_{BEQ} 之和，即 u_{BE} 在静态值 U_{BEQ} 的基础上变化了 u_{be}（$u_{be} = u_i$），即

$$u_{BE} = U_{BEQ} + u_{be} \qquad (2-2-1)$$

如果 u_{BE} 大于发射结导通电压 U_{th}，且 u_i 较小，则晶体三极管工作在输入特性曲线的线性区域，i_B 随 u_{BE} 的变化而变化。因此，i_B 也在静态值 I_{BQ} 的基

础上叠加变化了的 i_b，即

$$i_B = I_{BQ} + i_b \qquad (2\text{-}2\text{-}2)$$

由于晶体三极管的电流放大作用,有

$$i_C = \beta i_B = (I_{BQ} + i_b) \qquad (2\text{-}2\text{-}3)$$

式(2-2-3)说明集电极电流 i_C 同样是在静态值 I_{CQ} 上叠加交流分量 i_c。

由图 2-5 可见,$u_{CE} = V_{CC} - i_C R_C$。静态时,$u_{CE} = V_C - i_C R_C$。加入信号 u_i 后,有

$$i_C = I_{CQ} + i_c$$

$$u_{CE} = V_{CC} - i_C R_C = (V_{CC} - i_C R_C) - i_c R_C = U_{CEQ} + u_{CE} \qquad (2\text{-}2\text{-}4)$$

式(2-2-4)中,$u_{ce} = -i_c R_C$,它是叠加在静态值 U_{CEQ} 上的输出信号电压。

u_{CE} 的直流成分 U_{CEQ} 被耦合电容 C_2 隔断,交流成分 u_{ce} 经 C_2 传送到输出端,成为输出电压 u_O,即

$$u_O = u_{ce} = -i_c R_C \qquad (2\text{-}2\text{-}5)$$

式(2-2-5)中,负号表示 u_O 与 i_c 相位相反,因此 u_O 与 u_i 相位相反。如果电路参数选择恰当,u_O 的幅度将比 u_i 大得多,从而达到了放大的目的。

需要指出的是,放大电路的放大作用是利用晶体三极管的基极对集电极的控制作用来实现的,因此放大作用的实质是利用晶体三极管的控制作用,将直流电源提供的直流功率转换为随信号变化的交流功率输出,而且放大作用是针对变化量而言的。

另外,在后面分析放大电路时,需注意以下问题。

(1)晶体三极管上各极的电流和各极间的电压都是在静态直流量上叠加随输入信号变化的交流量,放大电路处于交、直流并存的状态。

(2)为便于分析,本书对各类电流、电压的符号做了统一的规定,在使用时要注意区分各个符号的含义,即小写字母小写下标(如 u_O、i_c)为交流量,大写字母大写下标(如 U_{CE}、I_C)为直流量,小写字母大写下标(如 u_{CE}、i_C)为总的瞬时、叠加量(直流+交流),大写字母小写下标(如 U_{CE}、I_c)为有效值。

第三节　差分放大电路

基本差分放大电路由两个完全对称的共发射极单管放大电路组成,如图 2-6 所示。该电路的输入端是两个信号的输入,这两个信号的差值,为电路有效

输入信号,电路的输出是对这两个输入信号之差的放大。差分放大电路利用电路参数的对称性和负反馈作用,有效地稳定静态工作点,以放大差模信号抑制共模信号为显著特征,广泛应用于直接耦合电路和测量电路的输入级。差分放大电路有双端输入双端输出、双端输入单端输出、单端输入双端输出和单端输入单端输出 4 种类型。

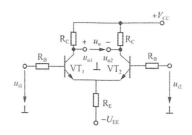

图 2-6　差分放大电路

第四节　放大电路的频率特性与多级放大电路

一、频率特性的概念与分析

(一)概念

放大电路对输入电信号的放大倍数包含两个内容,一个是放大倍数的大小(幅度的变化),一个是输出信号与输入信号之间的相移(频率、相位的变化)。所以,放大电路的频率特性也包含两个方面的内容:电压放大倍数与频率的关系,称为幅频特性;相移与频率的关系,称为相频特性。

一般而言,放大电路在不同频率下的电压放大倍数可以用复数表示为

$$\dot{A}_u = A_u(f) \angle \varphi(f) \qquad (2\text{-}4\text{-}1)$$

式(2-4-2)中,$A_u(f)$ 代表幅度与频率的关系函数,即幅频特性;$\varphi(f)$ 代表相移与频率的关系函数,即相频特性。

1. 幅频特性

以频率为横轴,电压放大倍数为纵轴,将共发射极单级放大电路的幅频特性曲线画于图 2-7(a),这条曲线叫作幅频特性曲线。通常来说,图中的纵轴电压放大倍数用 $20\lg|A_u|(dB)$ 表示,横轴频率用对数坐标 $\lg f$ 表示,也叫波特图。$\pm 20dB/$十倍频程的含义是频率每增加到原来的 10 倍,增益将增加或下降 20dB。

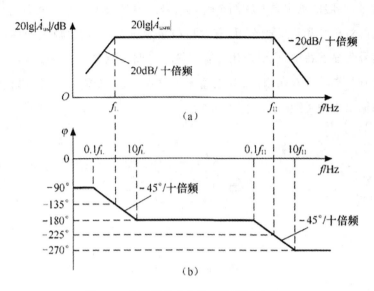

图 2-7　共发射放大电路的频率特性曲线

(a)幅频特性　(b)相频特性

从幅频特性曲线上可以看出,在中间频率(又称中频)范围内,电压放大倍数最大且基本保持不变,这时的电压放大倍数叫中频电压放大倍数,记为 A_{um}。随着频率的增高或降低,电压放大倍数均要下降。当放大倍数下降到 A_{um} 的 $1/\sqrt{2}$ 时,所对应的频率分别定义为上限频率 f_H 和下限频率 f_L。f_H 和 f_L 表征放大器对频率高于 f_H 或低于 f_L 的输入信号已不能有效地放大。因此,定义放大电路的带宽 BW 为 f_H 和 f_L 之间的频率宽度,也叫通频带,即

$$BW = f_H - f_L \qquad\qquad (2\text{-}4\text{-}2)$$

BW 表示放大电路对不同频率输入信号的放大能力,BW 越宽,放大电路能放大的输入信号频率范围就越宽,对于频带较宽的输入信号来说,失真就越小。对应于 f_H 和 f_L 时的电压放大倍数与中频时相比下降了 3 dB,而功率则下降了一半,因此,通频带又叫作 3 dB 带宽,f_H 和 f_L 也叫作半功率点。

2. 相频特性

以频率为横轴,输出与输入信号之间的相位差(相移)为纵轴,共发射极单级放大电路的相频特性曲线如图 2-7(b)所示,这条曲线叫作相频特性曲线。从相频特性曲线可以看出,中频段的相移基本上是 180°,输出与输入反相,电路具有纯阻特性,高频段的相移比中频段滞后,低频段比中频段超前。

(二)单级放大电路的频率特性分析

由于晶体三极管的 PN 结存在结电容效应,在高频应用时,必须考虑到它

们的影响。此时晶体三极管可用混合 π 型高频等效电路来等效，如图 2-8 所示。$C_{b'e}$ 为发射结电容，它是一个不恒定的电容，其值与工作状态有关。$C_{b'c}$ 为集电结电容，其值约为几个皮法。由于 $C_{b'c}$ 跨接于输出和输入端之间，对放大器频带的展宽也起着极大的限制作用。

　　通常情况下信号都是未知且变化的，即信号中包含了非常复杂的频率成分。为了便于分析，将放大器的实际频率特性曲线划分为中频、低频和高频区。我们仅以共发射极单级放大电路为例，说明放大器频率特性的分析方法，具体如图 2-9 所示。

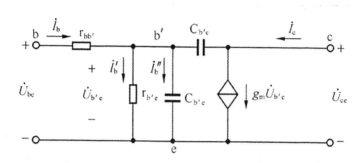

图 2-8　晶体管混合北型高频等效模型

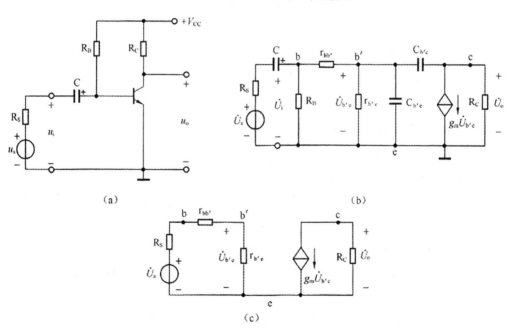

（a）　　　　　　　　　　　　　　（b）

（c）

图 2-9　单管共发射极放大电路及其混合型等效电路

（a）电路　（b）混合 π 型等效电路　（c）中频段微变等效电路

二、多级放大电路

(一)多级放大电路的组成

实际应用中信号通常是极其微弱的,而基本单元放大电路的放大倍数一般为几十倍,其性能通常很难满足电路或系统的要求。因此需将两级或两级以上的基本单元电路连接起来组成多级放大电路,以实现期望的输出,如图 2-10 所示。

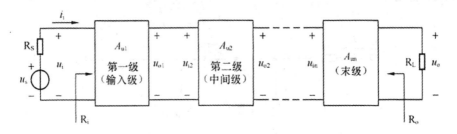

图 2-10　多级前大电路的组成框图

通常把组成多级放大电路的每一个单级放大电路称为多级放大电路的"级"。把与信号源相连接的第一级放大电路称为输入级,与负载相连接的末级放大电路称为输出级,输入级与输出级之间的放大电路称为中间级。输入级和中间级的任务是电压放大。中间级根据需要可以是多级的电压放大电路,将微弱的输入电压放大到足够大,给输出级提供所要求的输入信号。输出级一般用作功率放大,向负载输出所需的功率,常采用功率放大电路。

(二)多级放大电路的级间耦合方式

多级放大电路的各级之间的连接称为耦合。常见的级间耦合方式有阻容耦合、直接耦合、变压器耦合等多种形式。无论采取何种耦合方式,多级放大电路首先必须保证各级都有合适的静态工作点,其次是前级的输出信号能顺利地传递到后一级。值得注意的是,若采用直接耦合,第一级的工作点漂移将会随信号传送至后级,并被逐级放大。所以第一级的工作点漂移越小,零漂就越小。采用差分放大电路可有效地抑制零漂。集成电路中多采用直接耦合的方式。

1. 阻容耦合

阻容耦合是指放大电路两级之间、信号源与放大电路之间、放大电路与负载之间均以隔直电容作为耦合元件的耦合方式。图 2-11 为一个两级阻容耦合电路。

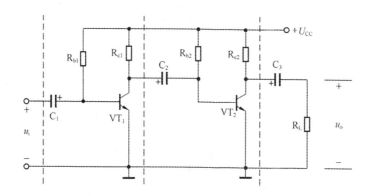

图 2-11　两级组容耦合电路

通过电容 C_1 将输入信号与第一级（输入级）相连，通过电容 C_2 将第一级（输入级）与末级（输出级）相连，通过电容 C_3 连接至负载 R_L。考虑每一级放大电路的输入电阻 R_i，则每一级都与电阻相连，故这种连接称为阻容耦合。耦合电容容量要适当取大一些，通常取几微法到几十微法。

阻容耦合的优点是：由于放大电路级间是通过电容连接的，电容有隔直作用，把各级的直流量隔开，所以各级放大电路的静态工作点彼此独立、互不影响，给电路的设计和调整带来方便。这种耦合方式在分立元件组成的放大电路中应用广泛。

这种耦合方式也存在不足之处，即不能放大直流和频率很低的信号，因为耦合电容对频率很低的信号在传递过程中衰减很大，对于直流信号则根本不能传递。

2. 直接耦合

直接耦合是指放大电路级与级之间采用导线直接相连的一种耦合方式，如图 2-12 所示。

直接耦合的优点是：电路中没有大电容和变压器，能放大直流或缓慢变化的信号，它在集成电路中得到广泛的应用。它的缺点是：前、后级直流电路相通，静态工作点相互牵制、相互影响，不利于分析和设计。

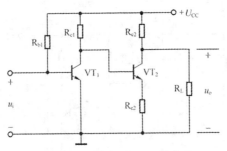

图 2-12　两级直接耦合放大器

3.变压器耦合

变压器耦合是指用变压器将前级的输出端与后级的输入端连接起来的方式,如图 2-13 所示。

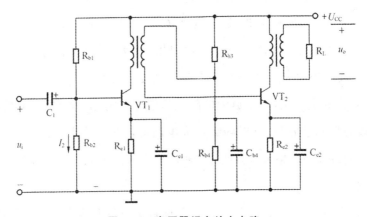

图 2-13　变压器耦合放大电路

变压器耦合的优点是:变压器通过磁路,把初级线圈的交流信号传到次级线圈,直流电压或电流无法通过变压器传给次级,因此各级直流通路相互独立、互不影响。变压器耦合的缺点是:体积大,不能实现集成化,此外,由于频率特性比较差,一般只应用于低频功率放大和中频调谐放大电路中。

(三)多级放大电路静态工作点的计算

多级放大电路级间耦合方式不同,它们的静态工作点的分析方法也各不相同。阻容耦合和变压器耦合的多级放大电路,由于耦合元件的隔直作用,它们的各级直流通路彼此独立,互不影响,因此各级静态工作点的计算可以独立进行,与单级的分析、计算方法相同。直接耦合的多级放大电路,其前后级之间存在着直流通路,因此各级静态工作点不能单独计算,必须统一考虑。一般是根据回路的约束条件列出方程组求解。

第三章

集成运算放大电路

第一节　集成运算放大电路概述

集成电路是一种将"管"和"路"紧密结合的器件,它以半导体单晶硅为基片,采用专门的制造工艺,把晶体管、场效应管、二极管、电阻和电容等元件及它们之间的连线所组成的完整电路制作在一起,使之具有特定的功能。集成放大电路最初多用于各种模拟信号的运算(如求和、求差、积分、微分等)上,故被称为集成运算放大电路,简称集成运放。集成运放广泛用于模拟信号的处理和产生电路中,因其高性能、低价位,在大多数情况下,已经取代了分立(或分离)元件放大电路。

一、集成运放的组成及各部分的作用

集成运放电路由输入级、中间级、输出级和偏置电路部分组成,如图 3-1 所示。它有两个输入端、一个输出端,图中所示 u_p、u_n、u_o 均以"地"为公共端。

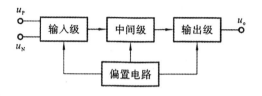

图 3-1　集成运放电路方框图

(一)输入级

输入级又称前置级,它往往采用恒流源偏置的双端输入差分放大电路。一

般要求其输入电阻高、差模放大倍数大,抑制共模信号的能力强、静态电流小。输入级直接影响集成运放的大多数性能参数,是提高集成运放质量的关键。

(二)中间级

中间级是整个放大电路的主放大器,其作用是使集成运放具有较强的放大能力,多采用共射(或共源)放大电路。而且为了提高电压放大倍数,经常采用复合管作放大管,以恒流源作集电极负载,其电压放大倍数可达千倍以上。

(三)输出级

输出级应具有输出电压线性范围宽、输出电阻小(即带负载能力强)非线性失真小等特点。集成运放的输出级多采用互补输出电路。

(四)偏置电路

偏置电路用于设置集成运放各级放大电路的静态工作点。与分立元件不同,集成运放采用电流源电路为各级提供合适的集电极(或发射极、漏极、源极)静态工作电流,从而确定了合适的静态工作点。

此外,集成运放中还有一定的保护电路作用,如过流保护和过压保护。

二、集成运放的电压传输特性及理想集成运放

(一)集成运放的电压传输特性

集成运放有同相输入端和反相输入端,这里的"同相"和"反相"是指集成运放的输入电压与输出电压之间的相位关系,其符号如图 3-2(a)(b)所示,本书采用图 3-2(b)所示符号。从外部看,可以认为集成运放是一个双端输入单端输出,具有高电压放大倍数、高输入电阻、低输出电阻、能较好地抑制零点漂移现象的差分放大电路,有单电源供电和正负双电源供电之分。

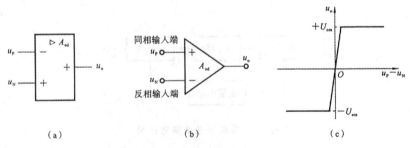

图 3-2　集成运放的符号和电压传输特性

(a)国际符号　(b)常用符号　(c)电压传输特性

集成运放的输出电压 u_o 与输入电压(即同相输入端与反相输入端之间的电位差，$u_p - u_n$)之间的关系称为电压传输特性，即

$$u_o = f(u_p - u_n) \qquad (3\text{-}1\text{-}1)$$

对于正、负电源供电的集成运放，电压传输特性如图 3-2(c)所示。从图示曲线可以看出，集成运放有线性放大区域(称为线性区)和饱和区域(称为非线性区)两部分。在线性区，曲线的斜率为电压放大倍数；在非线性区，输出电压只有两种可能的情况：正饱和值 $+U_{OM}$(接近正电源电压)或负饱和值 $-U_{OM}$(接近负电源电压)。

由于集成运放放大的是 u_p 和 u_n 之间的差值信号，称为差模信号，且没有通过外电路引入反馈，故其电压放大倍数称为开环差模放大倍数，记作 A_{od}，因而当集成运放工作在线性区时，有

$$u_o = A_{od}(u_p - u_n) \qquad (3\text{-}1\text{-}2)$$

通常 A_{od} 非常高，可达几十万倍，因此集成运放电压传输特性中的线性区非常窄。假如输出电压的最大值 $\pm U_{OM} = \pm 4\mathrm{V}$，$A_{od} = 5 \times 10^5$，那么只有当 $|u_p - u_n| < 28\mu\mathrm{V}$ 时，电路才工作在线性区。换言之，若 $|u_p - u_n| > 28\mu\mathrm{V}$，则集成运放进入非线性区，因而输出电压 u_o 不是 $+14$ V，就是 -14 V。

(二)理想集成运放

在分析由集成运放组成的各种应用电路时，为了简化分析，通常都将其性能指标理想化，即将其看成理想集成运放。尽管集成运放的应用电路多种多样，但其工作区域却只有两个：在电路中，它们不是工作在线性区，就是工作在非线性区。

1. 理想集成运放的性能指标

集成运放的理想化参数如下：

(1)开环差模增益(放大倍数) $A_{od} = \infty$ 。

(2)差模输入电阻 $r_o = \infty$ 。

(3)差模输出电阻 $r_o = 0$ 。

(4)共模抑制比 $K_{CMR} = \infty$ 。

(5)上限截止频率 $f_H = \infty$ 。

(6)失调电压 U_{IO} 、失调电流 I_{IO} 和它们的温漂均为零，且无任何内部噪声。

实际上,集成运放的技术指标均为有限值,理想化后必然带来分析误差。但是,在一般的工程计算中,这些误差都是允许的。而且,随着新型集成运放的不断出现,性能指标越来越接近理想化,误差也就越来越小。因此,只有在进行误差分析时,才考虑实际集成运放有限的增益、带宽、共模抑制比、输入电阻和失调因素等所带来的影响。

在分析基础集成运放应用电路的工作原理时,运用理想集成运放的概念,有利于抓住事物的本质,忽略次要因素,简化分析过程。在以后的分析中,如无特别说明,均将集成运放作为理想集成运放来考虑。

2.理想集成运放工作在线性区的特点

在由集成运放组成的负反馈放大电路中集成运放工作在线性区。设集成运放同相输入端和反相输入端的电位分别为 u_p、u_n,电流分别为 i_p、i_n。

(1)虚短路:当集成运放工作在线性区,输出电压应与输入差模电压呈线性关系,即应满足

$$u_o = A_{od}(u_p - u_n)$$

由于 u_o 为有限值,$A_{od} = \infty$,因而净输入电压 $u_p - u_n = 0$,即

$$u_p = u_n$$

称两个输入端"虚短路",简称"虚短"。所谓"虚短路"是指理想集成运放的两个输入端电位无穷接近,但又不是真正短路的特点。

(2)虚断路:因为净输入电压为零,又因为理想集成运放的差模输入电阻无穷大,所以两个输入端的输入电流也均为零,即

$$i_p = i_n = 0$$

换而言之,从集成运放输入端看进去相当于断路,称两个输入端"虚断路",简称"虚断"。所谓"虚断路"是指理想集成运放两个输入端的电流趋于零,但又不是真正断路的特点。

应当特别指出,"虚断"和"虚短"是非常重要的概念。对于集成运放工作在线性区的应用电路,"虚断"和"虚短"是分析输入信号和输出信号关系的两个基本出发点。

3.理想集成运放工作在非线性区的特点

集成运放工作在非线性区时,输出电压不再随输入电压线性增长,而是达到饱和。理想集成运放工作在非线性区时,有两个重要特点。

（1）由于 u_o 为有限值，$A_{od} = \infty$，若集成运放的输出电压 u_o 的幅值为 $\pm U_{OM}$，则当 $u_p > u_n$ 时，$u_o = +U_{OM}$；当 $u_p < u_n$ 时，$u_o = -U_{OM}$。理想集成运放工作在非线性区时，$u_p \neq u_n$，不存在"虚短"现象。

（2）理想集成运放的净输入电流等于零。

因理想集成运放的差模输入电阻无穷大，故净输入电流为零，即 $i_p = i_n = 0$，存在"虚断"现象。

如上所述，理想集成运放工作在线性区或非线性区时，各有不同的特点。因此，在分析各种应用电路的工作原理时，首先必须判断集成运放工作在哪个区域。

三、集成运放的种类

按供电方式分类，集成运放可分为双电源供电和单电源供电，在双电源供电中又分正、负电源对称型和不对称型供电。按集成度（即一个芯片上集成运放个数）可分为单运放、双运放和四运放，目前四运放日益增多。按制造工艺集成运放可分为双极型、CMOS 型、Bi－FET 型和 Bi-MOS 型。双极型集成运放一般输入偏置电流，器件功耗较大，但由于采用多种改进技术，所以种类多、功能强；CMOS 型集成运放输入阻抗高、功耗小，可在低电源电压下工作，目前已有低失调电压、低噪声、高速度、强驱动能力的产品；BiFET 和 Bi-MOS 型集成运放采用双极型管与单极型管混合搭配的生产工艺，以场效应管作输入级，输入电阻高达 10^{12} Ω 以上。Bi-MOS 常以 CMOS 电路作输出级，可输出较大功率。目前有多种电参数产品。

除以上几种分类方法外，还可以按内部电路的工作原理、电路的可控性和性能指标三个方面分类，下面简单介绍。

（1）按内部电路的工作原理分类，可分为电压放大型、电流放大型、跨导放大型和互阻放大型。

（2）按电路的可控性分类可分为可变增益集成运放和选通控制集成运放。

（3）按性能指标分类可分为通用型和特殊型两类。通用型集成运放用于无特殊要求的电路之中；特殊型集成运放为了适应各种特殊要求，某一方面性能特别突出，主要有高阻型、高速型、高精度型、低功耗型、高压型和大功率型等。

除了通用型和特殊型集成运放外，还有一类集成运放是为完成某种特定功能而生产的，如仪表用放大器、隔离放大器、缓冲放大器、对数/反对数放大器等。随着 EDA 技术的发展,人们会越来越多地设计专用芯片。目前可编程模拟器件也在发展之中,人们可以在一块芯片上通过编程的方法实现对多路(如16 路)模拟信号的各种处理,如放大、有源滤波、电压比较等。

四、集成运放的选择

通常情况下,在设计集成运放应用电路时,没有必要研究集成运放的内部结构,而是根据设计需求寻找具有相应性能指标的芯片。因此,了解集成运放的类型,理解集成运放主要性能指标的物理意义,是正确选择集成运放的前提。应根据以下几个方面的要求选择集成运放。

(一)信号源的性质

根据信号源是电压源还是电流源,源阻抗大小、输入信号的幅值及频率的变化范围,选择集成运放的差模输入电阻 r_{id}、-3 dB 带宽(或单位增益带宽)、转换速率 SR 等性能指标。

(二)负载的性质

根据负载电阻的大小,确定所需集成运放的输出电压和输出电流的幅值。对于容性负载或感性负载,还要考虑它们对频率参数的影响。

(三)精度要求

对模拟信号的处理,如放大运算等,往往提出精度要求,如电压比较,往往提出响应时间、灵敏度要求。根据这些要求选择集成运放的开环增益 A_{od}、失调电压 U_{IO}、失调电流 I_{IO} 及转换速率 SR 等指标参数。

(四)环境条件

根据环境温度的变化范围,可正确选择集成运放的失调电压及失调电流的温漂 dU_{IO}/dT、dI_{IO}/dT 等参数;根据所能提供的电源(如有些情况只能用干电池)选择集成运放的电源电压;根据对能耗有无限制的要求,选择集成运放的功耗等。

根据上述分析就可以通过查阅手册等手段选择某一型号的集成运放,必要时还可以通过各种 EDA 软件进行仿真,最终确定最满意的芯片。目前,各种专用集成运放和多方面性能俱佳的集成运放种类繁多,采用它们会大大提高电路的质量。

不过,从性能价格比方面考虑,应尽量采用通用型集成运放,只有在通用型集成运放不能满足应用要求时才采用专用型集成运放。

第二节　基本运算放大电路

一、比例运算

（一）反相比例运算电路

图 3-3 所示为反相比例运算电路。根据前面学过的知识可以知道，它是一个电压并联负反馈放大器。

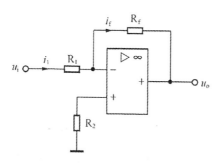

图 3-3　反相比例运算电路

因为 $i_+ = i_- = 0$，所以 R_2 两端的电压为 0，即 $u_+ = 0$，根据虚短的概念则有 $u_- = 0$。即反相端也为地电位，但反相端并没有真正接地，所以称为"虚地"。

因为 $i_+ = i_- = 0$，所以 $i_1 = i_f$，而

$$i_1 = \frac{u_i - u_-}{R_1} = \frac{u_i}{R_1}, i_f = \frac{u_- - u_o}{R_f} = -\frac{u_o}{R_f}$$

整理得

$$u_o = -\frac{R_f}{R_1} u_i \qquad (3\text{-}2\text{-}1)$$

所以电压放大倍数为

$$A_{uf} = \frac{u_o}{u_i} = -\frac{R_f}{R_1} \qquad (3\text{-}2\text{-}2)$$

式中的负号表示输出电压 u_o 与输入电压 u_i 相位相反，输出电压与输入电压存在着比例关系，比例系数为 $\dfrac{R_f}{R_1}$，故该电路称为反相比例运算电路。

当 $R_f = R_1$ 时，$u_o = -u_i$，即 $A_{uf} = -\dfrac{R_f}{R_1} = -1$，此时的比例电路称为反

相器。

(二)同相比例运算电路

图 3-4 所示为同相比例运算电路。根据前面学过的知识可知,它是一个电压串联负反馈放大器。输入信号从同相输入端输入。

根据运算放大电路的"虚短"及"虚断"的概念可知

$$i_1 = i_f, u_+ = u_- = u_i$$

$$i_f = \frac{u_0 - u_-}{R_f} = \frac{u_0 - u_i}{R_f}, i_1 = \frac{u_- - 0}{R_1} = \frac{u_i}{R_1}$$

整理得

$$u_0 = \left(1 + \frac{R_f}{R_1}\right)u_i \qquad (3-2-3)$$

电压放大倍数为

$$A_{uf} = \frac{u_0}{u_i} = 1 + \frac{R_f}{R_1} \qquad (3-2-4)$$

从式(3-2-4)可见,u_0 与 u_i 相位相同,且两者之间存在着比例关系,比例系数为 $\left(1 + \frac{R_f}{R_1}\right)$,故该电路称为同相比例运算电路。

在同相比例运算电路中,当 $R_f = 0$(反馈电阻短路)和(或)$R_1 = \infty$(反相输入端电阻开路)时,有

$$A_{uf} = 1 \qquad (3-2-5)$$

即 $u_0 = u_i$,输出电压等于输入电压。所以,这种运算电路称为电压跟随器,如图 3-5 所示。

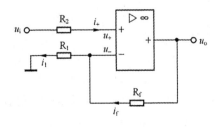

图 3-4 同相比例运算电路

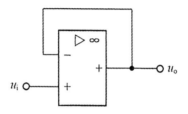

图 3-5　电压跟随器

二、加法与减法运算

（一）加法运算电路

如图 3-6 所示,加法运算电路实际上是在反相放大器的基础上增加几路输入信号源。

因为根据理想集成运算放大电路的虚短、虚断($i_+ = i_- = 0, u_+ = u_-$)的概念,有

$$i_i = i_f, u_- = 0$$

因为

$$i_i = i_1 + i_2 + \cdots + i_n$$

$$= \frac{u_{i1} - u_-}{R_1} + \frac{u_{i2} - u_-}{R_2} + \cdots \frac{u_{in} - u_-}{R_n}$$

$$= \frac{u_{i1}}{R_1} = \frac{u_{i2}}{R_2} + \cdots + \frac{u_{in}}{R_n}$$

$$i_f = \frac{u_- - u_0}{R_f} = -\frac{u_0}{R_f}$$

整理得

$$u_0 = -\left(\frac{R_f}{R_1} u_{i1} + \frac{R_f}{R_2} u_{i2} + \cdots + \frac{R_f}{R_n} u_{in} \right) \qquad (3-2-6)$$

从式(3-2-6)可见,此电路的结果相当于 n 个反相比例电路输出结果之和。即实现了加法运算,输出电压与输入电压之和成比例。

当 $R_1 = R_2 = \cdots = R_n = R$ 时,有

$$u_0 = -\frac{R_f}{R} (u_{i1} + u_{i2} + \cdots + u_{in}) \qquad (3-2-7)$$

当 $R = R_f$ 时,则有

$$u_0 = -(u_{i1} + u_{i2} + \cdots + u_{in}) \qquad (3-2-8)$$

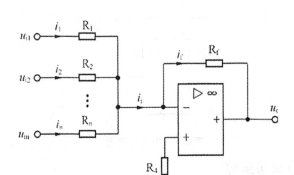

图 3-6　加法运算电路

(二)减法运算电路

减法运算电路又称差动运算电路,如图 3-7 所示。差动放大器有两个输入信号,同时采用了同相放大器和反相放大器两种输入方式,就可以实现两个信号的比例减法运算。电路中 $R_2 // R_3 = R_1 // R_f$。

根据运算放大电路的虚短、虚断($i_+ = i_- = 0, u_+ = u_-$)的概念有

$$u_+ = \frac{R_3}{R_2 + R_3} u_{i2}$$

$$i_1 = i_f, \text{又 } i_1 = \frac{u_{i1} - u_-}{R_1}, i_f = \frac{u_- - u_0}{R_f}$$

整理得

$$u_0 = \left(1 + \frac{R_f}{R_1}\right) \frac{R_3}{R_2 + R_3} u_{i2} - \frac{R_f}{R_1} u_{i1} \qquad (3\text{-}2\text{-}9)$$

当 $R_1 = R_2, R_3 = R_f$ 时,有

$$u_0 = \frac{R_f}{R_1}(u_{i2} - u_{i1}) \qquad (3\text{-}2\text{-}10)$$

当 $R_1 = R_2 = R_3 = R_f$ 时,有

$$u_0 = (u_{i2} - u_{i1}) \qquad (3\text{-}2\text{-}11)$$

由式(3-2-10)、式(3-2-11)可见,由于该电路的输出电压与输入电压的差值成比例关系,所以实现了减法运算。

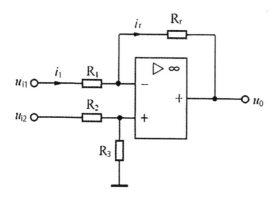

图 3-7　减法运算电路

三、微分与积分运算

(一)微分运算电路

反相比例运算电路中的反馈电阻 R_f 及外输入电阻 R_1 分别由电阻 R_1 和电容 C 取代,便构成了微分运算电路,如图 3-8 所示。

根据运算放大电路的虚短、虚断($i_+ = i_- = 0$, $u_+ = u_-$)的概念有

$$i_C = i_R = \frac{u_0}{R_1} = C\frac{du_c}{dt} \qquad (3\text{-}2\text{-}12)$$

由式(3-2-12)可知,输出电压与输入电压的变化率成正比。

(二)积分运算电路

图 3-2-12 所示的电路为反相积分运算电路。积分运算是微分运算的逆运算,在电路结构上只要将反馈电阻 R_1 和输入端的电容 C 位置两者互调即可。

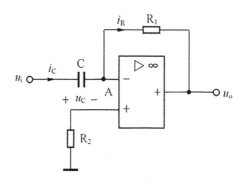

图 3-8　微分运算电路

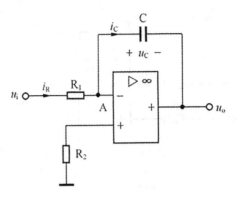

图 3-9 积分运算电路

$$i_R = i_C = -\frac{1}{C}\int i_C dt = -\frac{1}{C}\int \frac{u_i}{R_1} dt = -\frac{1}{R_1 C}\int u_i dt \qquad (3\text{-}2\text{-}13)$$

式(3-2-13)表明,输出电压正比于输入电压对时间的积分,即该电路实现了积分运算功能。微积分运算电路可用于波形变换。

第三节　集成运算放大电路的应用

目前,集成运算放大器的种类繁多,必须正确地选择和合理地应用,以达到使用要求及精度,避免在调试应用过程中造成损坏。

一、集成运算放大器应用电路调整与元器件的选择

应根据集成运算放大器的分类及国内外常用集成运算放大器的型号,查阅集成运算放大器的性能和参数,选择合适的集成运算放大器。还要考虑其他因素,优先选通用型集成运算放大器,因为它们既容易采购又比较便宜。当通用型集成运算放大器不能满足要求时,才去选择特殊型的集成运算放大器,按照使用要求,考虑以下几点选择原则。

(1)信号源内阻比较大的,可选用以场效应管为输入级的运放,其失调电流小、输入电阻大,如 TL081、LF13741、AD5121 等。

(2)输入信号中含有大的共模成分时,选用共模输入电压范围和共模抑制比都大的运放,如 uPC4558、uA741 等。

(3)精度要求高的电路,要选用高增益、低漂移的运放,如 CF725、C7650 等。

（4）作为功率电路的推动级使用的运放，应选输出电压幅度大的，如典型的3583 型等

（5）对于频带宽的电路，不宜选用高增益运放（频带窄），而要选用中增益宽带型，如 HA4625、RC4157 等。

（6）对于电源电压很低的电路，可选用电压适应性很强的运放或单电源运放，如 LM324、FX324 等。

（7）为缩小体积、降低成本，根据需要，可选用双运放、四运放等，如 LM324、CF747 等。

二、线性集成电路应用电路的调试与测试

(一)静态调试

在设计和制造集成运算放大器时，已解决了内部各晶体三极管的偏置问题。因此，在线性应用时，只要按技术要求，提供合适的电源电压，运算放大器内部各级工作点就是正常的。这里的静态调试，主要是指由单电源供电时的调试和调零等内容。

1. 双电源改单电源供电

有的集成运算放大器需要正负两组电源供电，且大都需要正负对称电源供电。它们的电压有一个允许范围，使用前需查清楚。单电源供电的集成运算放大器的功能与双电源供电的运算放大器功能大致相同。

在仅需用作放大交流信号的线性应用电路中，为了简化电路，可采用单电源供电。因此，要求集成运算放大器组成的交流放大器必须设计成单电源供电方式。改变方法是：将 U_+、U_-、$U_。$ 三端的直流电压调至电源电压的一半，但直接选用单电源供电的集成运算放大器更方便，如 LM324。

2. 调零

调零是为了提高运放精度，消除集成运算放大器的失调电压和失调电流引起的输出误差，从而达到零输入、零输出的要求，所以调零是必需的。集成运算放大器的调零电路有两种，一种是有外接调零端的集成运算放大器，可通过外接调零元件进行调零。LM741 调零元件接法如图 3-10 所示，将两输入端短路接地，调节 R_P 使输出为零。

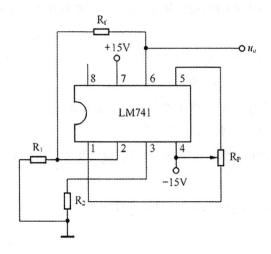

图 3-10　LM74I 调零电路

另一种是当运放没有调零端时,可以在集成运放的输入端加一个补偿电压,以抵消集成运放本身的失调电压和失调电流带来的影响,从而使输出为零,如图 3-11 所示。

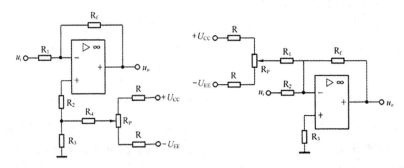

图 3-11　辅助调零电路

(二)动态测试

集成运算放大器电路的动态测试方法和分立元件放大电路相同。由于集成运放具有理想化的特点,其动态调整十分方便。在线性应用时,放大倍数调整只需改变外接反馈电阻阻值就可以解决。

运算放大器是高增益的多级直接耦合放大器,在线性应用时,外电路大多采用深度负反馈电路。由于内部三极管极间电容和分布电容的存在,信号传输过程中会产生附加相移。因此,在没有输入电压的情况下,会有一定频率、一定幅度的输出电压,这种现象称为自激振荡,消除自激振荡是动态调试的重要内

容。消除自激振荡的方法是外加电抗元件或 RC 移相网络进行相位补偿,如图
3-12 所示。

首先将输入端接地,用示波器观察输出端的高频振荡波形。当在 5 端(补偿端)接上补偿元件后,自激振荡幅度将下降。将电容 C 由小到大调节,直到振荡消失。测量此时的电容值并换上等效固定电容器,调试任务即完成。

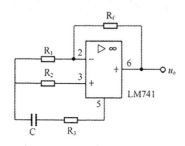

图 3-12　相位补偿

第四章

负反馈放大电路

第一节　反馈的概念

在放大电路中,信号的传输是从输入端到输出端,这个方向称为正向传输。反馈是将输出信号取出一部分或全部送回到放大电路的输入回路,与原输入信号相加或相减后再作用到放大电路的输入端,所以反馈信号的传输是反向传输。放大电路无反馈称为开环状态,有反馈称为闭环状态,反馈放大电路如图4-1所示。

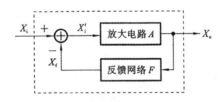

图 4-1　反馈放大电路的示意图

图 4-1 中上面的方框是基本放大电路,也就是前面学习过的各种类型的放大电路,这个放大电路的输入信号称为净输入信号 X'_i,经过放大后得到输出信号 X_o;下面的方框是反馈网络,它是将输出信号的一部分送回到输入端的电路。也就是说反馈网络的输入信号是基本放大电路的输出信号,经过反馈网络之后得到的是反馈信号 X_f,X_f 与放大电路的实际输入信号 X_i 进行"比较",得到净输入信号 X'_i。净输入信号 X'_i 经过基本放大器放大后得到的是整个反馈放大电路的输出。实际输入信号 X_i 是由信号源提供或前级电路提供的信号,是整个反馈放大电路的输入信号。根据前面描述的关系可以得到

$$X'_i = X_i - X_f \tag{4-1-1}$$

为了便于说明,假设放大电路工作在中频段范围,反馈网络为纯电阻性网络,给出以下定义。

开环放大倍数:

$$A = \frac{X_O}{X'_i}$$

反馈系数:

$$F = \frac{X_f}{X_O}$$

闭环放大倍数:

$$A_f = \frac{X_O}{X_i}$$

因为

$$X_i = X'_i + X_f = X'_i + FA X'_i$$

所以

$$A_f = \frac{X_O}{X_i} = \frac{A}{1 + AF} \tag{4-1-2}$$

这个关系式是反馈放大器的基本关系式,它说明闭环放大倍数是开环放大倍数的 $\dfrac{1}{1+AF}$,其中 $1+AF$ 称为反馈深度,反映了反馈对放大电路影响的程度。

反馈深度可分为下列三种情况。

(1)当 $|1+AF| > 1$ 时,$|A_f| < |A|$,是负反馈。

(2)当 $|1+AF| < 1$ 时,$|A_f| > |A|$,是正反馈。

(3)当 $|1+AF| = 0$ 时,$|A_f| = \infty$,这时输入为零但仍有输出,故称为"自激状态"。

AF 称为环路增益,是指由放大电路和反馈网络所形成环路的增益,当 $|AF| \gg 1$ 时称为深度负反馈。于是闭环放大倍数为

$$A_f = \frac{X_O}{X_i} = \frac{A}{1 + AF} \approx \frac{1}{F}$$

也就是说,在深度负反馈条件下,闭环放大倍数近似等于反馈系数的倒数,与有源器件的参数基本无关。一般反馈网络是无源元件构成的,其稳定性优于有源

器件,因此深度负反馈时的放大倍数比较稳定。这里需要强调的是 X_i、X_f 和 X_O 可以是电压信号,也可以是电流信号。

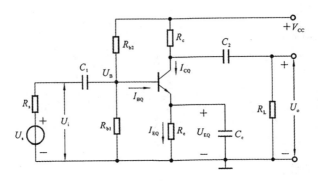

图 4-2　稳定静态工作点的分压偏置共射放大电路

下面举一个例子来说明反馈的作用过程。如图 4-2 所示的共射极放大电路,采用分压偏置电路可以稳定静态工作点,这里从反馈网络的角度再做说明。在图 4-2 所示的电路中,电阻 R_{b1} 和 R_{b2} 对电压源进行分压,基极电位 U_B 基本保持不变。当环境温度上升使三极管集电极电流 I_{CQ} 增大时,由于射极电流 I_{EQ} 和集电极电流 I_{CQ} 基本相等,射极电流 I_{EQ} 也随之增大,则射极电阻 R_e 上的电压 $U_{EQ} = I_{EQ}R_e$ 也增加。考虑到基极电位 U_B 基本不变,则三极管基极和射极之间的电压 $U_{BEQ} = U_B - U_{EQ}$ 将减小。而根据三极管的输入特性曲线,基极和射极之间的电压 U_{BEQ} 决定了基极电流 I_{BQ},I_{BQ} 随之减小,相应地 I_{CQ} 也减小。通过射极电阻上的电压,就将因温度升高而变大的 I_{CQ} 的上升趋势牵制住了,这就是负反馈的作用。这里电阻 R_e 构成反馈网络,它对输出电流 I_{EQ} 采样后形成反馈电压 U_{EQ},在输入端反馈电压 U_{EQ} 与输入电压 U_i 比较后得到净输入信号 U_{BEQ},由此形成反馈回路。

从这个例子可以看出,如果希望稳定电路中的某个量(如上例中的 I_{CQ}),可以采取措施将这个量反馈到电路的输入端,当由于某些因素引起该量发生变化时,这种变化将反映到放大电路的输入端,通过与输入量比较,产生一个与输出变化趋势相反的净输入信号,从而使其保持稳定。

二、反馈的分类

反馈有多种类型,根据反馈的极性可以分为正反馈和负反馈;根据输出端采样信号的性质可以分为电压反馈和电流反馈;根据输入端放大电路与反馈网络的连接方式可以分为串联反馈和并联反馈。就负反馈而言,有电压串联负反馈、电流串联负反馈、电压并联负反馈和电流并联负反馈四种组态。

(一)正反馈和负反馈

在外加输入信号 X_i 一定时,如果反馈信号 X_f 的作用增强了净输入信号 X'_i,这个净输入信号经过基本放大电路放大后得到更大的输出信号,这样的反馈称为正反馈;相反,如果反馈信号削弱了净输入信号 X'_i,经过基本放大电路放大后得到较小的输出信号,则称为负反馈。

为了判断引入的反馈是正反馈还是负反馈,可以采用"瞬时极性法"。具体做法是,规定电路输入信号在某一时刻对地的极性,并以此为依据,逐级判断电路中各相关节点电流的流向和电位的极性,从而得到输出信号的极性;根据输出信号的电压极性判断反馈信号的极性;若反馈信号使基本放大电路的净输入信号增大,则说明引入了正反馈,若反馈信号使基本放大电路的净输入信号减小,则说明引入了负反馈。信号的电压极性可用"⊕""⊖"或"↑""↓"表示。

利用瞬时极性法判断时,需要掌握的极性关系:对共射组态的三极管来说,基极与发射极的极性相同,基极与集电极极性相反;对运算放大器来说,同相输入端与输出电压极性相同,反相输入端与输出电压极性相反。

在图 4-3(a)所示的电路中,假设加上一个瞬时极性为正的输入电压(用符号"⊕"表示瞬时极性为正,即瞬时信号增大;"⊖"表示瞬时极性为负,即瞬时信号减小),由于输入信号接在集成运放的同相端输入,输出电压的瞬时极性也是正。通过反馈电阻 R_f,输出电压被采样并在电阻 R_1 上形成反馈电压 U_f,U_f 是 R_1 和 R_f 对输出电压分压的结果,因此其极性也为正。我们知道,理想集成运放的差模输入电压等于两个输入端电压的差,而此时两个输入端的电压分别为 U_i 和 U_f,这样实际的净输入电压就是差模输入电压 $U_{id}=U_i-U_f$。由于输入电压和反馈电压极性都为正,反馈电压 U_f 削弱了外加输入电压 U_i 的作用,使放大倍数下降,因此是负反馈。

图 4-3(b)所示的电路为滞回比较器。假设输入一个瞬时极性为正的输入电压,由于输入电压在集成运放的反相端输入,输出电压的瞬时极性为负,通过 R_1、R_2 对输出电压分压,在 R_1 上形成极性为负的反馈电压,此时集成运放的差模输入 $U_{id}=U_i-U_f$,其中 U_i 为正极性、U_f 为负极性,反馈电压 U_f 增强了输入电压 U_i 的作用,形成正反馈。

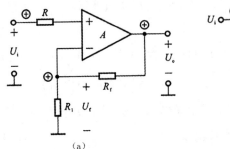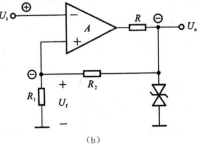

图 4-3　反馈极性的判别

(a)负反馈　(b)正反馈

通常对于运算放大器而言,当输出端与反相输入端相连时,构成负反馈电路;当输出端与同相输入端相连时,构成正反馈电路。由理想集成运放所构成的运算电路和滤波电路都要求工作在负反馈状态。

(二)电压反馈和电流反馈

按照反馈网络对输出信号的采样方式,反馈可以分为电压反馈和电流反馈。

如果反馈网络对输出电压采样,反馈信号的大小与输出电压成比例,则称为电压反馈。电压反馈在电路中表现为基本放大电路、反馈网络和负载在采样端是并联关系,如图 4-4(a)所示。如果反馈网络对输出电流采样,反馈信号的大小与输出电流成比例,则称为电流反馈。电流反馈在电路中表现为基本放大器、反馈网络和负载在采样端是串联关系,如图 4-4(b)所示。

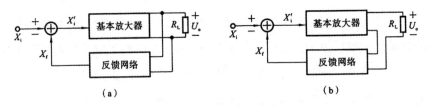

图 4-4　电压反馈与电流反馈的判别

(a)电压反馈示意图　(b)电流反馈示意图

"输出短路法"是判断是电压反馈还是电流反馈的一种方法,假设输出端交流短路(输出电压为零),然后判断是否还存在反馈信号,如果没有反馈信号,就是电压反馈,否则是电流反馈。与输出端交流短路法相反,另一种方法是"输出开路法",假设输出端交流开路(输出电流为零),然后判断是否存在反馈信号,如果有反馈信号,就是电压反馈,否则是电流反馈。

在实际应用中一种简单实用的判断方法是,如果放大器的输出端和反馈网络的采样端共点,也就是二者并接在一起,就是电压反馈,否则是电流反馈。图 4-3(a)中的反馈电阻与输出电压是共点的,反馈电压是两个电阻对输出电压分压得到的,因此是电压反馈;图 4-2 中电阻 R_e 与输出电压 U_e 不是共点的,反馈电压是电流 I_{CQ} 产生的,因此是电流反馈。

(三)串联反馈和并联反馈

在放大电路的输入端,$X'_i = X_i - X_f$,其中净输入信号 X'_i、输入信号 X_i 和反馈信号 X_f 可以是电压,也可以是电流。如果反馈信号和输入信号以电压形式求和,即反馈信号和输入信号串联,称为串联反馈;如果以电流形式求和,即反馈信号和输入信号并联,称为并联反馈。对于晶体管组成的放大电路来说,反馈信号与输入信号同时加在输入晶体管的基极或发射极,则为并联反馈;一个加在基极,另一个加在发射极,则为串联反馈。图 4-2 中输入信号加入三极管的基极,反馈信号加在三极管的发射极,故是串联反馈。

对于运算放大器来说,反馈信号与输入信号同时加在同相输入端或反相输入端,则为并联反馈;一个加在同相输入端,另一个加在反相输入端,则为串联反馈。图 4-3(a)中输入信号加在同相端,反馈信号加在反相端,则为串联反馈。

(四)交流反馈和直流反馈

根据反馈信号本身的交、直流性质,可以分为直流反馈和交流反馈。反馈信号只有交流成分时为交流反馈,反馈信号只有直流成分时为直流反馈,既有交流成分又有直流成分时为交直流反馈。交流负反馈一般用来改善放大电路的动态性能,直流负反馈一般用来稳定静态工作点。图 4-2 所示电路中反馈电阻 R_e 只在直流时起作用,而交流时由于 C_e 的旁路不起作用,所以是直流反馈。

第二节 负反馈放大电路的基本类型与判断

反馈网络根据基本放大电路在输入、输出端的连接方式,存在不同的反馈类型,如串联反馈和并联反馈,电压反馈和电流反馈,其判断方法有瞬时极性法、框图分析法和一般表达式分析法。

一、负反馈放大电路的基本类型

负反馈放大电路有基本放大电路和反馈网络组成,若将基本放大电路与反馈网络均当成两端口网络,则不同反馈组态下两个网络的连接方式也不同。四种反馈组态电路的方框图如图 4-5 所示。其中图 4-5(a)为电压串联负反馈电路,图 4-5(b)为电流串联负反馈电路,图 4-5(c)为电压并联负反馈电路,图 4-5(d)为电流并联负反馈电路。

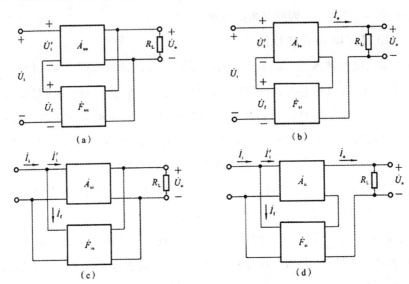

图 4-5 四种反馈组态电路的方框图

(a)电压串联负反馈 (b)电流串联负反馈 (c)电压并联负反馈 (d)电流并联负反馈

(一)电压串联负反馈

图 4-6 是电压串联负反馈电路。由于输入信号是电压 U_i,输出信号是电压 U_O,反馈信号是电压 U_i,在输入端是输入电压与反馈电压相减,所以

开环增益:

$$A_{uu} = \frac{U_O}{U'_i} = \frac{U_O}{U_i - U_f}$$

反馈系数:

$$F_{uu} = \frac{U_f}{U_O} = \frac{R_1}{R_1 + R_2}$$

闭环增益:

$$A_{uuf} = \frac{U_O}{U_i} = \frac{A_{uu}}{1 + F_{uu}A_{uu}}$$

对于理想集成运放,$|1 + AF| \gg 1$,则

$$A_{\mathrm{uuf}} \approx \frac{1}{F_{\mathrm{uu}}} = 1 + \frac{R_{\mathrm{f}}}{R_1}$$

电压串联负反馈放大电路的开环增益、闭环增益和反馈系数都是无量纲的。

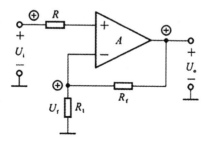

图 4-6　电压串联负反馈电路

(二)电压并联负反馈

图 4-7 所示的电压并联负反馈电路,有

开环增益:

$$A_{\mathrm{ui}} = \frac{U_{\mathrm{O}}}{I'_{\mathrm{i}}} = \frac{U_{\mathrm{O}}}{I_{\mathrm{i}} - I_{\mathrm{f}}}$$

反馈系数:

$$F_{\mathrm{iu}} = \frac{I_{\mathrm{f}}}{U_{\mathrm{O}}} = -\frac{1}{R_{\mathrm{f}}}$$

闭环增益:

$$A_{\mathrm{uif}} = \frac{U_{\mathrm{O}}}{I_{\mathrm{i}}} = \frac{A_{\mathrm{ui}}}{1 + F_{\mathrm{iu}} A_{\mathrm{ui}}}$$

对于理想集成运放,$|\, 1 + AF\, | \gg 1$,则

$$A_{\mathrm{uif}} \approx \frac{1}{F_{\mathrm{iu}}} = -R_{\mathrm{f}}$$

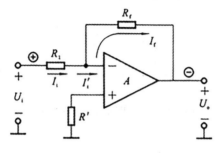

图 4-7　电压并联负反馈电路

电压并联负反馈放大电路的开环增益的量纲是电阻,反馈系数的量纲是电导,称为互导反馈系数,闭环增益的量纲是电阻,称为互阻增益。

(三)电流串联负反馈

图 4-8 所示的电路为电流串联负反馈放大电路,其开环增益的量纲是电导,反馈系数的量纲是电阻,称为互阻反馈系数,闭环增益的量纲是电导,称为互导增益。

开环增益:

$$A_{ui} = \frac{I_O}{U'_i} = \frac{I_O}{U_i - U_f}$$

反馈系数:

$$F_{ui} = \frac{U_f}{I_O} = R_e$$

闭环增益:

$$A_{iuf} = \frac{U_O}{U_i} = \frac{A_{ui}}{1 + F_{ui} A_{iu}}$$

对于图 4-8 所示电路,$|1 + AF| \gg 1$,

$$A_{iuf} \approx \frac{1}{F_{ui}} = \frac{1}{R_e}$$

(四)电流并联负反馈

电流并联负反馈电路如图 4-9 所示。

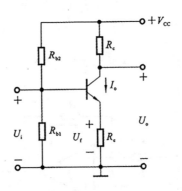

图 4-8　电流串联负反馈放大电路

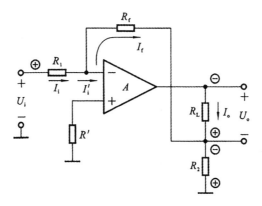

图 4-9 电流并联负反馈电路

开环增益：

$$A_{iu} = \frac{I_O}{I'_i} = \frac{I_O}{I_i - I_f}$$

反馈系数：

$$F_{ii} = \frac{I_f}{I_O} = \frac{R_2}{R_2 + R_f}$$

闭环增益：

$$A_{iuf} = \frac{I_O}{I_i} = \frac{A_{ii}}{1 + F_{ii}A_{ii}}$$

对于图 4-9 所示电路，$|1 + AF| \gg 1$，

$$A_{iif} \approx \frac{1}{F_{ii}} = -(1 + \frac{R_f}{R_2})$$

电流并联负反馈放大电路的开环增益、反馈系数和闭环增益均无量纲。在分析负反馈放大电路时，反馈组态的判断是非常重要的，在电路分析时需要首先判断组态，然后根据开环增益、闭环增益和反馈系数的定义计算。以上分析都是在深度负反馈条件下得出的结论，与实际的结果有一定误差，但一般而言，只要反馈深度足够深，这个误差能够满足工程需要。

二、负反馈放大电路类型的判定方法

（一）瞬时极性法

瞬时极性法主要用来判断放大电路中的反馈是正反馈还是负反馈。其具体方法是：先假设放大电路输入端信号在某一瞬间对地的极性为正或负；然后根据各级电路输出端与输入端信号的相位关系（同相或反相），标出反馈回路中各点的瞬时极性;再得到反馈端信号的极性;最后,通过比较反馈端信号与输入端信号的极性来判断电路的净输入信号是加强还是削弱,从而确定是正反馈还是负反馈。

(二)框图分析法

框图分析法主要用来确定负反馈放大器的一般表达式。

净输入信号:

$$X_{id} = X_i - X_f \tag{4-2-1}$$

开环放大倍数:

$$A = \frac{X_O}{X_{id}} \tag{4-2-2}$$

反馈系数:

$$F = \frac{X_f}{X_O} \tag{4-2-3}$$

则闭环放大倍数:

$$A_f = \frac{X_O}{X_i} = \frac{X_O}{X_{id} + X_f} = \frac{X_O}{X_{id} + AFX} = \frac{1}{1+AF} \tag{4-2-4}$$

(三)一般表达式分析法

(1)在式(4-1-4)中,若 $|1+AF| > 1$ 则 $|A_f| < |A|$,说明加入反馈后闭环放大倍数变小了,这类反馈属于负反馈。

(2)若 $|1+AF| < 1$,则 $|A_f| > |A|$,即加了反馈后,使闭环放大倍数增加,称之为正反馈。正反馈只在信号产生、变换方面应用,其他场合应尽量避免。

(3)若 $|1+AF| = 0$,则 $A \to \infty$,即没有输入信号时,也会有输出信号,这种现象称为自激振荡。

第三节 负反馈对放大电路性能的影响

放大电路引入负反馈后,放大倍数会有所下降,但其他性能指标得到改善,如可以提高放大倍数的稳定性,减小非线性失真,抑制干扰,也可以扩展通频带,改变输入、输出电阻等。

一、提高放大倍数的稳定性

根据负反馈基本方程,不论何种负反馈,都可使闭环放大倍数下降 $|1+AF|$ 倍。当输入信号一定时,如果电路参数发生变化或负载发生变化,则通过引入负反馈,可使放大电路输出信号的波动性大大减小,即放大倍数的稳定性得到提高。在式(4-1-2)中对变量 A 求导并进行简单的变换可得

$$\frac{\mathrm{d}A_\mathrm{f}}{A_\mathrm{f}} = \frac{1}{1+AF}\frac{\mathrm{d}A}{A} \qquad (4\text{-}3\text{-}1)$$

式中: $\dfrac{\mathrm{d}A_\mathrm{f}}{A_\mathrm{f}}$ 和 $\dfrac{\mathrm{d}A}{A}$ 分别表示闭环放大倍数的相对变化量和开环放大倍数的相对变化量。这说明在负反馈情况下,闭环放大倍数的相对变化量是开环放大倍数相对变化量的 $\dfrac{1}{1+AF}$,也就是闭环增益的相对变化量变小了,闭环增益更稳定了。例如,一个负反馈放大电路的反馈深度为 $(1+AF)=20$,假设外界环境的变化使开环放大倍数相对变化了 20% ,相应的闭环放大倍数只相对变化了 1% ,这说明闭环增益的稳定性提高了 20 倍。

二、负反馈对输入电阻的影响

负反馈对输入电阻的影响与反馈网络与输入信号的连接方式有关,即与串联反馈或并联反馈有关,而与电压反馈或电流反馈无关。

(一)串联负反馈使输入电阻增加

串联负反馈输入端的电路结构形式如图 4-10 所示,反馈电压 U_f 削弱了输入电压 U_f ,使净输入电压 U'_i 减小。

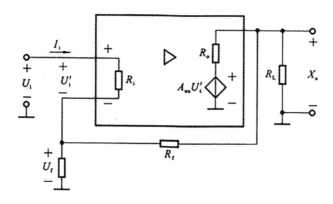

图 4-10　串联负反馈输入端的电路结构形式

基本放大电路的输入电阻,即开环时的输入电阻为

$$R_i = \frac{U'_i}{I_i}$$

引入负反馈后的闭环输入电阻为

$$R_{if} = \frac{U_i}{I_i} = \frac{U_f + U'_i}{I_i} = \frac{FX_0}{I_i} = \frac{FA U'_i + U'_i}{I_i} = (1 + AF)R_i \quad (4\text{-}3\text{-}2)$$

上面的推导中利用了反馈量与采样量的关系 $U = FX_0$,其中采样量与净输入量的关系为 $X_0 = A U'_i$,A 为基本放大器的广义放大倍数。

这个结论表明,引入串联反馈后的闭环输入电阻是开环输入电阻的 $(1 + AF)$ 倍,输入电阻增大了。在上面的推导过程中没有涉及采样方式,因此无论是电压串联负反馈还是电流串联负反馈,闭环输入电阻均增大。闭环输入电阻增大对改善放大电路的性能有利,因为串联反馈的输入信号是电压,而一个放大电路的输入电阻较大,意味着可以从信号源得到更高的输入电压,因而放大电路可以得到更高的输出电压。

(二)并联负反馈使输入电阻减小

并联负反馈输入端的电路结构形式如图 4-11 所示,反馈电流 I_f 削弱了输入电流 I_i,使净输入电流 I'_i 减小。

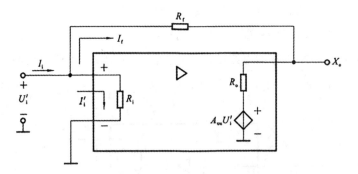

图 4-11　并联负反馈输入端的电路结构形式

基本放大器的输入电阻为

$$R_i = \frac{U_i}{I'_i}$$

引入反馈后的输入电阻

$$R_{if} = \frac{U_i}{I_i} = \frac{U_i}{I_f + I'_i} = \frac{U_i}{FX_f + I'_i} = \frac{U_i}{FA I'_i + I'_i} = \frac{R_i}{1 + AF} \quad (4\text{-}3\text{-}3)$$

这个结论表明,引入并联反馈后的闭环输入电阻是开环输入电阻的 $\dfrac{1}{1+AF}$,输入电阻将减小。无论是电压并联负反馈还是电流并联负反馈,闭环输入电阻均减小。并联负反馈输入电阻的减小也改善了放大电路的性能,因为并联反馈的输入信号是电流,当放大电路输入电阻较小时,可以从电流源得到更多的输入电流,这对电流放大电路而言是一种性能的改善。

三、负反馈对输出电阻的影响

负反馈对输出电阻的影响与反馈网络在输出端的采样方式有关,即与电压反馈或电流反馈有关,而与串联反馈或并联反馈无关。

(一)电压负反馈使输出电阻减小

电压负反馈可以使输出电阻减小,这与电压负反馈可以使输出电压稳定是一致的。在放大电路的输出端,电压负反馈可以等效为电压源与输出电阻串联的电路,输出电阻越小,输出电压的稳定性就越好。换句话说,放大电路引入电压负反馈后,稳定了输出电压,其效果就相当于减小了输出电阻。

图 4-12 所示为求电压负反馈输出电阻的等效电路,放大网络的输出端对外表现为一个电压源 $A_{uo} X'_i$ 和输出电阻 R_0 串联,其中 R_0 是无反馈时放大网络的输出电阻,A_{uo} 是负载开路时的放大倍数,X'_i 是净输入信号。

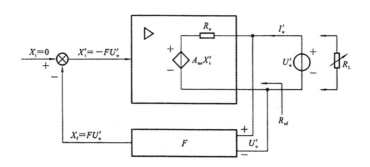

图 4-12　求电压负反馈输出电阻的等效电路

输出电阻的计算可以采用外加电压求电流的方法,将输入端置零,将负载电阻开路,在输出端加入一个等效的电压源 U'_O,因流过反馈网络 F 的电流较小,可以忽略不计,则

$$I'_O = \frac{U'_O - A_{uo} X'_i}{R_0}$$

由于输入端置零,则净输入信号 $X'_i = X_i - X_f = -X_f$,得

$$I'_o = \frac{U'_o - A_{uo} X'_i}{R_0} = \frac{U'_o + U'_o F U'_o}{R_0} = (1 + A_{uo} F) \frac{U'_o}{R_0}$$

闭环输出电阻

$$R_{of} = \frac{U'_o}{I'_o} = \frac{R_0}{(1 + A_{uo} F)} \tag{4-3-4}$$

上式表明,引入电压负反馈,电路的输出电阻是开环输出电阻的 $\frac{1}{1 + A_{uo} F}$。无论电压串联负反馈或电压并联负反馈均如此。

(二)电流负反馈使输出电阻增加

电流负反馈可以使输出电阻增加,这与电流负反馈可以使输出电流稳定是一致的。在放大电路的输出端,电流负反馈可以等效为电流源与输出电阻并联的电路,输出电阻越大,输出电流的稳定性就越好。换句话说,引入电流负反馈能在负载电阻 R_L 变化时保持输出电流稳定,其效果就相当于增大了放大电路的输出电阻。

图 4-13 所示为求电流负反馈输出电阻的等效电路,放大网络的输出端表现为一个电流源 $A_{is} X'_i$ 与输出电阻 R_0 并联,其中 R_0 是无反馈时放大网络的输出电阻,A_{is} 是负载短路时放大网络的放大倍数,X'_i 是净输入信号。

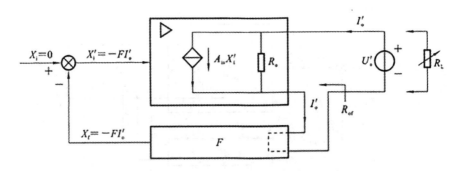

图 4-13　求电流负反馈输出电阻的等效电路

将输入端接地,将负载电阻开路,在输出端加入一个等效的电压源 U'_o,则有

$$X'_i = -X_f$$

$$A_{is} X'_i = -A_{is} X_f = -A_{is} F I'_o$$

$$I'_o \approx \frac{U'_o}{I'_o} + A_{is} X_i' = \frac{V_0'}{R_0} - A_{is} F I_0'$$

闭环输出电阻

$$R_{0f} = \frac{U'_o}{I'_o} = (1 + A_{is}F)R_0 \qquad (4\text{-}3\text{-}5)$$

上式表明,引入电流负反馈,电路的输出电阻将增大,是开环输出电阻的$(1 + AF)$倍,无论电流串联负反馈或电流并联负反馈均如此。

综上所述,负反馈对放大电路输入电阻和输出电阻的影响如下。

(1)反馈信号与外加输入信号的连接方式不同,对输入电阻产生的影响不同:串联负反馈使输入电阻增大,并联负反馈使输入电阻减小。反馈信号在输出端的采样方式不影响输入电阻。

(2)反馈信号在输出端的采样方式不同,对放大电路的输出电阻的影响不同:电压负反馈使输出电阻减小;电流负反馈使输出电阻增大。反馈信号与外加输入信号的连接方式不影响输出电阻。

(3)负反馈对输入电阻和输出电阻的影响程度,均与反馈深度$(1 + AF)$有关。

四、负反馈对通频带的影响

一般来讲,放大电路对不同频率的信号放大倍数不同。对于阻容耦合共射极放大电路而言,其频率特性具有带通滤波器的效果,幅频特性曲线如图 4-14 所示。引入负反馈后,放大电路的放大倍数下降,但通频带却展宽了。

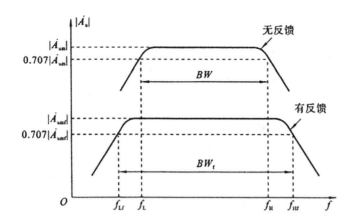

图 4-14 幅频特性曲线

无反馈时放大电路在高频段为一个低通滤波器,其增益可表示为

$$\dot{A}(f) = \frac{\dot{A}_{um}}{1 + j\dfrac{f}{f_H}} \tag{4-3-6}$$

引入反馈后,假设反馈系数为 $\dot{F}$,则高频时的闭环放大倍数为

$$\dot{A}(f) = \frac{\dot{A}(f)}{1 + \dot{A}(f)\dot{F}} = \frac{\dfrac{\dot{A}_{um}}{1 + j\dfrac{f}{f_H}}}{1 + \dfrac{\dot{A}_{um}\dot{F}}{1 + j\dfrac{f}{f_H}}} =$$

$$\frac{\dot{A}_{um}}{1 + \dot{A}_{um}\dot{F} + j\dfrac{f}{f_H}} = \frac{\dfrac{\dot{A}_{um}}{1 + \dot{A}_{um}\dot{F}}}{1 + j\dfrac{f}{(1 + \dot{A}_{um}\dot{F})f_H}} = \frac{\dot{A}_{umf}}{1 + j\dfrac{f}{f_{Hf}}} \tag{4-3-7}$$

式中:$f_{Hf} = (1 + \dot{A}_{um}\dot{F})f_H$,即反馈后,上限截止频率增大了 $(1 + \dot{A}_{um}\dot{F})$ 倍。类似地可以证明引入反馈后的下限截止频率为

$$f_{LF} = \frac{f_L}{(1 + \dot{A}_{um}\dot{F})}$$

根据上述分析,引入负反馈后,放大电路的上限截止频率提高了 $(1 + \dot{A}_{um}\dot{F})$ 倍,下限截止频率降低到为原来的 $\dfrac{1}{1 + \dot{A}_{um}\dot{F}}$,所以通频带得到了展宽,

$BW_f = (1 + \dot{A}_{um}\dot{F})BW$。

负反馈放大电路通频带的展宽是以牺牲增益为代价的。为了平衡二者的相互影响,引入放大电路增益带宽积的概念。增益带宽积就是放大电路的放大倍数与通频带的乘积,负反馈放大电路增益带宽积通常为常数,即

$$\dot{A}_{um}FB\dot{W}_f = \dot{A}_{um}BW$$

五、负反馈对非线性失真的影响

对于理想的放大电路,其输出信号与输入信号应完全呈线性关系。但是,由于组成放大电路的半导体器件(如晶体管和场效应管)均具有非线性特性,当

输入信号为幅值较大的正弦波时,输出信号往往不是正弦波。经谐波分析,输出信号中除含有与输入信号频率相同的基波外,还含有其他谐波,因而产生失真。

放大电路引入负反馈后可以减小非线性失真,其原理可用图 4-15 说明。假设基本放大电路是存在失真的,例如当加入标准的正弦波时,输出波形的正半周幅值增大,负半周幅值减小(简称上大下小)。引入反馈后,正弦波输入信号经过基本放大电路 A 放大后,其输出信号 X_0 也会出现"上大下小"的非线性失真,该输出信号经过反馈网络采样后的反馈信号 X_f 也是"上大下小",失真的反馈信号与输入信号 X ;相减后得到一个"上小下大"的净输入信号,该信号经过存在非线性失真的基本放大电路后,输出的信号正负半周的幅值基本相等。可见,负反馈弥补了放大电路本身的非线性失真。

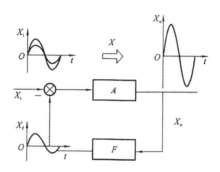

图 4-15　负反馈对非线性失真的影响

类似于负反馈对放大电路非线性失真的改善,负反馈对噪声和干扰也有抑制作用,这里不再赘述。

第四节　深度负反馈放大电路的特点及增益估算

由前面的学习,我们知道负反馈放大电路性能的改善与反馈深度有关,反馈深度越大,对放大电路的性能改善越明显。因此在实践中,应尽量采用较大的反馈深度 $(1+AF)$ 来改善放大电路的性能。习惯上将 $(1+AF)>1$ 的负反馈放大电路称为深度负反馈放大电路。

一、深度负反馈放大电路的特点

由于 $(1+AF)\gg1$,所以由式(4-2-4)可得

$$A_f = \frac{X_O}{X_i} = \frac{X_O}{X_{id} + X_f} = \frac{X_O}{X_{id} + AFX_{id}} = \frac{A}{1 + AF} \approx \frac{A}{AF} = \frac{1}{F} \quad (4\text{-}4\text{-}1)$$

由于

$$A_f = \frac{X_O}{X_i}, F = \frac{X_f}{X_O}$$

所以,深度负反馈放大电路中有

$$X_f \approx X_i \qquad\qquad\qquad (4\text{-}4\text{-}2)$$

即

$$X_{id} = 0 \qquad\qquad\qquad (4\text{-}4\text{-}3)$$

由式(4-4-1)和式(4-4-2)及负反馈对输入、输出电阻的影响,可得深度负反馈电路有如下特点。

(1)闭环放大倍数主要由反馈网络决定,$A_f = \dfrac{1}{F}$。当反馈网络由高质量的电阻等无源线性元件组成时,负反馈放大电路的增益为常数,基本不受外界因素影响,增益极为稳定,输出信号与输入信号之间呈线性关系,失真极小。

(2)反馈信号 X_f 近似等于输入信号 X_i,净输入信号 X_{id} 近似为零。对于串联反馈则有

$$U_f \approx U_i, U_{id} \approx 0$$

因而在基本放大电路输入电阻上产生的输入电流 I_{id} 也趋于零;对于并联反馈则有 $I_f \approx I_i, I_{id} \approx 0$,因而在基本放大电路输入电阻上产生的输入电压 U_{id} 也趋于零。总之,不论是串联还是并联反馈,在深度负反馈条件下,均有 $U_{id} \approx 0$(称为虚短)和 $I_{id} \approx 0$(称为虚断)同时存在。

(3)闭环输入电阻和输出电阻可以近似看成零或无穷大。即深度串联负反馈闭环输入电阻趋于无穷大,深度并联负反馈闭环输入电阻趋于零;深度电流负反馈闭环输出电阻趋于无穷大,深度电压负反馈闭环输出电阻趋于零。

二、深度负反馈放大电路电压放大倍数的估算

利用上述虚短和虚断的概念,可以方便地估算深度负反馈放大电路的闭环电压放大倍数,下面通过例题来说明估算方法。

【例】估算图 4-16 所示电流串联负反馈放大电路的电压放大倍数 $A_{uf} = u_o/u_i$。

解:这是一个电流串联负反馈放大电路,反馈元件为 R_f,基本放大电路为

集成运算放大器,由于集成运算放大器开环增益很大,故为深度负反馈。因此

有 $u_f \approx u_i, i_n \approx 0$,所以可得 $u_f \approx i_0 R_f = \dfrac{u_0}{R_L} R_f$。

因此,可以求得该放大电路的闭环电压放大倍数为 $A_{uf} = \dfrac{u_0}{u_i} \approx \dfrac{u_0}{u_f} =$

$\dfrac{R_L}{R_f}$。

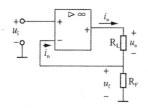

图 4-16　电流串联负反馈放大电路增益的估算

第五章

信号发生电路

第一节　正弦波振荡电路

　　所谓振荡,就是以前在负反馈放大电路中讲过的自激振荡,其现象是电路在没有施加输入信号的情况下,仍有一定频率和幅值的输出信号。这种自激振荡在放大器中是有害的,它会使放大器不能正常工作。所以,放大电路的目的在于放大输入信号,不允许有自激振荡,也就是要破坏自激振荡的条件;而在波形发生电路中,目的在于利用自激振荡产生波形,因此要设法满足自激振荡的条件。

　　正弦波振荡电路的框图如图 5-1 所示。当开关 S 拨向 1 时,这个电路是普通放大电路。当开关 S 突然拨向 2 时,使 $\dot U_f$ 与输入信号 $\dot U_i$ 同相位、同幅值,那么信号 $\dot U_f$ 完全取代了放大器激励信号 $\dot U_i$,电路依然维持输出信号,成为无须外加激励信号就有等幅输出信号的自激振荡电路。实质这种反馈式振荡电路正是正反馈放大电路的一种变化形式。

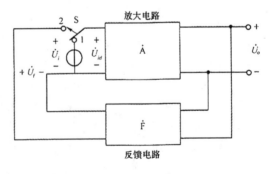

图 5-1　正弦波振荡电路框图

其中 $\dot{A}$ 是放大电路，$\dot{F}$ 是反馈网络。设放大器维持输出电压 $\dot{U}_0$，而所需输入电压为 $\dot{U}_{id}$，若通过反馈网络由 $\dot{U}_0$ 产生反馈电压 $\dot{U}_f$，当 $\dot{U}_f = \dot{U}_{id}$ 时，电路就能维持稳定的输出电压。振荡器不需外加输入信号就有稳定的输出信号，故又称为自激振荡电路。由式(5-1-1)可知，产生振荡的基本条件是反馈信号与输入信号大小相等、相位相同。根据以上分析可得出

$$\dot{U}_f = \dot{F}\,\dot{U}_0$$

$$\dot{U}_0 = \dot{A}\,\dot{U}_{id}$$

当 $\dot{U}_f = \dot{U}_{id}$ 时，必有

$$\dot{A}\dot{F} = 1 \qquad\qquad (5\text{-}1\text{-}1)$$

式(5-1-1)就是振荡电路产生自激振荡的条件。

因 $\dot{A} = A\angle\varphi_A$，$\dot{F} = F\angle\varphi_f$，带入式(5-1-1)可得

$$\dot{A}\dot{F} = A\angle\varphi_A \cdot F\angle\varphi_f = 1$$

由此式可得自激振荡的两个条件。

按输出信号波形不同，可将振荡器分为两大类，即正弦波振荡电路、非正弦波振荡电路。而正弦波振荡电路按电路形式又可分为 RC 振荡电路、LC 振荡电路、石英晶体振荡电路等；非正弦波振荡电路可分为方波振荡电路、三角波振荡电路、锯齿波振荡电路等。

一、正弦波振荡电路的工作原理

(一)振荡的基本概念

振荡电路的方框图如图 5-2 所示，$\dot{A}$ 是放大电路的电压放大倍数，$\dot{F}$ 是反馈电路的反馈系数。由于振荡电路不需要外界输入信号，因此反馈信号 $\dot{X}_f$ 就是放大电路的输入信号 $\dot{X}_{id}$，$\dot{X}_0$ 就是放大电路的输出信号。

且有

$$\dot{X}_0 = \dot{A}\dot{X}_0 \qquad\qquad (5\text{-}1\text{-}2)$$

$$\dot{X}_f = \dot{F}\,\dot{X}_0 \qquad\qquad (5\text{-}1\text{-}3)$$

当 $\dot{X}_f = \dot{X}_{id}$ 时，有

$$\dot{A}\dot{F} = 1 \tag{5-1-4}$$

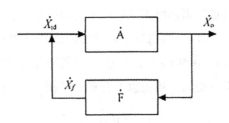

图 5-2　振荡电路方框图

该式表明了电路维持振荡的条件。由于是复数形式,将其写成"模""相角"的形式,则得到振荡的两个平衡条件。

(1)幅值平衡条件,即

$$|\dot{A}\dot{F}| = 1$$

(2)相位平衡条件,即

$$\varphi_A + \varphi_f = 2n\pi\,(n\ \text{为整数}) \tag{5-1-5}$$

注意:$|\dot{A}\dot{F}| = 1$ 是振荡电路达到并维持稳幅振荡的条件,但是满足这一条件并不能使电路起振。因为电路接通电源时,并无反馈信号,它只能靠电路的噪声或其他干扰作为激励信号,经过环路放大、反馈、再放大一直循环不断地增幅,逐步建立起稳幅振荡。因此,振荡电路要起振,必须要求环路增益满足起振条件。

(1)幅值起振条件,即

$$|\dot{A}\dot{F}| > 1$$

(2)相位起振条件,即

$$\varphi_A + \varphi_F = 2n\pi\,(n\ \text{为整数}) \tag{5-1-6}$$

电路起振后,由于环路增益大于1,所以振荡幅度逐渐增大。当信号达到一定幅度时,因受放大电路中非线性元件的限制,使其工作在饱和状态和截止状态,使 $|\dot{A}\dot{F}|$ 值下降,最后达到 $|\dot{A}\dot{F}| = 1$ 的平衡条件。

综上所述,振荡电路必须具备起振条件和振荡平衡条件。实际应用中正弦振荡电路较多,主要有 RC 振荡电路、LC 振荡电路和石英晶体振荡电路。

(二)振荡电路的组成

振荡电路一般由放大电路、反馈网络、选频网络和稳幅电路4个部分组成。

1.放大电路

放大电路是维持振荡电路连续工作的主要环节,没有放大,信号就会逐渐衰减,不可能产生持续的振荡。要求放大电路必须有能量供给,结构合理,静态工作点合适,具有放大作用。

2.反馈网络

反馈网络的作用是形成反馈(主要是正反馈),以满足相位平衡条件。

3.选频网络

选频网络的主要作用是产生单一频率的振荡信号,具有选频特性。一般情况下这个频率就是振荡电路的振荡频率 f_0。在很多振荡电路中,选频网络和反馈网络结合在一起。

4.稳幅电路

稳幅电路的作用主要是使振荡信号幅值稳定,以达到振荡器所要求的幅值,使振荡电路持续工作。

综上所述,振荡电路必须首先具备两个条件,即相位条件和幅值条件。其次,电路的组成合理,便可产生振荡。

(三)正弦波振荡电路的分析步骤

判断一个电路是否是正弦波振荡电路,能否正常起振,可以按如下步骤进行。

(1)检查电路的基本组成,一般应包含放大电路、反馈网络、选频网络及稳幅电路 4 个方面。

(2)检查放大电路的工作状态,要求其工作在放大状态。

(3)分析电路的相位平衡条件,通常采用瞬时极性法以判断电路是否存在正反馈。若存在正反馈,则电路满足振荡电路相位平衡条件,电路可能振荡;若不存在正反馈,则电路不能满足振荡电路相位平衡条件,电路不能振荡。

(4)分析电路的幅度平衡条件。若 $|\dot{A}\dot{F}|<1$,则不可能振荡;若 $|\dot{A}\dot{F}|\gg1$,能振荡但输出波形明显失真;若 $|\dot{A}\dot{F}|>1$,能产生振荡,振荡稳定后 $|\dot{A}\dot{F}|=1$,输出波形失真小。

一般情况下,幅度平衡条件容易得到满足,因而在分析振荡电路时应重点检查电路的组成、工作状态及是否满足相位平衡条件,而不对幅度平衡条件进行分析。

第二节　RC 振荡电路

采用 RC 选频网络构成的振幅电路称为 RC 振荡电路,它适用于低频振荡,一般用于产生 1Hz～1MHz 的低频信号。因为对于 RC 振荡电路来说,增大电阻 R 即可降低振荡频率,而增大电阻是无须增加成本的。

常用的 RC 振荡电路有 RC 桥式振荡电路、RC 移相振荡电路,本节将重点介绍由 RC 串并联选频网络构成的 RC 桥式振荡电路(又称文氏电桥振荡电路),简单介绍 RC 移相振荡电路。串并联网络在此作为选频和反馈网络。所以,必须首先了解串并联网络的选频特性,才能分析它的振荡原理。

(一)RC 串并联网络的选频特性

RC 串并联网络如图 5-3(a)所示。假设输入信号 $\dot{U}_1$ 为振幅恒定、频率可调的正弦电压,则其选频特性可定性分析如下所示。

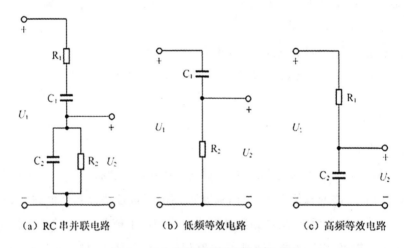

(a) RC 串并联电路　　(b) 低频等效电路　　(c) 高频等效电路

图 5-3　RC 串并联网络及其等效电路

(1)当输入信号 $\dot{U}_1$ 频率较低时,$\dfrac{1}{\omega C_1} \gg R_1$,$\dfrac{1}{\omega C_2} \gg R_2$,可得近似的低频等效电路如图 5-3(b)所示。它是一个超前网络,输出电压 $\dot{U}_2$ 的相位超前输入电压 $\dot{U}_1$。频率越低,$\dot{U}_2$ 的幅度越小,相位差 φ_{21} 越大。当 $f \to 0$ 时,$\dot{U}_2 \to 0$,即 $\dfrac{\dot{U}_2}{\dot{U}_1} \to 0$,且 $\varphi_{21} \to 90°$。

（2）当输入信号 $\dot{U}_1$ 频率较高时，$\dfrac{1}{\omega C_1} \gg R_1$，$\dfrac{1}{\omega C_2} \gg R_2$，其近似的高频等

效电路如图 5-3(c)所示。它是一个滞后网络。输出电压 $\dot{U}_2$ 相位滞后输入电压

$\dot{U}_1$。频率越高，$\dot{U}_2$ 的幅度越小，相位差 φ_{21} 越大。当 $f \to \infty$ 时，$\dot{U}_2 \to 0$，即

$$\frac{\dot{U}_2}{\dot{U}_1} \to 0，且 \quad \varphi_{21} \to -90°$$

因此可以断定，在高频与低频之间存在一个频率 f_0，其相位关系既不是超

前也不是落后，输出电压 $\dot{U}_2$ 与输入电压 $\dot{U}_1$ 相位一致。且输出电压 $\dot{U}_2$ 的幅度

也达到了最大，这就是 RC 串并联网络的选频特性。

下面再根据电路推导出它的频率特性。

由图 5-3(a)可得电压传输系数，即

$$\dot{F}_V = \frac{\dot{U}_2}{\dot{U}_1} = \frac{Z_2}{Z_1 + Z_2} = \frac{\dfrac{R_2}{1 + j\omega R_2 C_2}}{R_1 + \dfrac{1}{j\omega C_1} + \dfrac{R_2}{j\omega R_2 C_2}}$$

经整理后得

$$\dot{F}_V = \frac{1}{1 + \dfrac{R_1}{R_2} + \dfrac{C_2}{C_1} + j\left(\omega R_2 C_2 - \dfrac{1}{\omega R_2 C_1}\right)} \tag{5-2-1}$$

通常选择元件，使得

$$\begin{cases} R_1 = R_2 = R \\ C_1 = C_2 = C \end{cases}$$

则幅频特性为

$$\dot{F} = \frac{1}{3 + j\left(\dfrac{\omega}{\omega_0} - \dfrac{\omega_0}{\omega}\right)} \tag{5-2-2}$$

相频特性为

$$\varphi = -ar\tan \frac{1}{3}\left(\frac{w}{w_0} - \frac{w_0}{w}\right) \tag{5-2-3}$$

其中，$\omega_0 = \dfrac{1}{RC}$，即 $f_0 = \dfrac{1}{2\pi RC}$。

由式(5-2-1)和式(5-2-2)可做出 RC 串并联网络的频率特性，如图 5-4

所示。

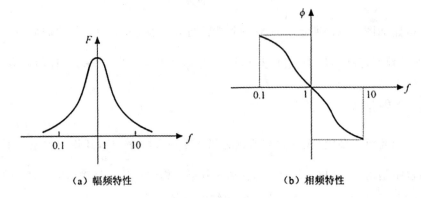

（a）幅频特性　　　　　　　　　　（b）相频特性

图 5-4　RC 串并联网络的频率特性

由图 5-4 可见，当 $f=f_0=\dfrac{1}{2\pi RC}$ 时，为电压传输系数

$$F_V=\frac{1}{3}$$

相移 $\varphi=0$。

综上所述，RC 串并联电路在特殊频率 f_0 上具有输出与输入相同且输出幅度最大（等于输入幅度的 $1/3$）的特点，特殊频率 f_0 由电路元件参数决定。

（二）RC 串并联网络正弦波振荡电路

1.RC 串并联网络正弦波振荡原理

RC 串并联网络正弦波振荡电路如图 5-5 所示。它是由放大电路、反馈网络和选频网络组成。

RC 串并联选频网络作为正反馈网络，这是产生振荡所必需的。R_1 和 R_f 组成负反馈网络，以提高放大电路的性能指标。正、负反馈网络正好构成电桥的 4 个臂，放大电路的输出电压同时加在正、负反馈网络的两端，而正、负反馈网络另一端则分别接在集成放大电路 A 的同相输入端和反相输入端，正好构成一个电桥，故又称文氏电桥振荡器。

放大电路的输出经 RC 串并联网络接到放大电路的同相输入端，由 RC 串并联网络的特性可知，在频率 $f=f_0$ 处反馈系数 $\dot{F}=\dfrac{\dot{U}_2}{\dot{U}_1}$ 的模最大，同时相移 $\varphi=0$，因此对频率为 f_0 的信号反馈最强，且满足相位平衡条件，构成正反馈，形成振荡。而其他频率成分则由于反馈较弱且不满足相位平衡条件而被抑制，仅输出频率为 f_0 的正弦波信号。

由上述分析可知,RC串并联网络正弦波振荡电路所产生的振荡频率就是 RC串并联的 f_0,即

$$f_0 = \frac{1}{2\pi RC}$$

又由于反馈系数在频率 f_0 处最大,为 $|\dot{F}| = \left|\frac{\dot{U}_2}{\dot{U}_1}\right| = \frac{1}{3}$,要满足起振条件 $A_{uf} > 1$,则应取同相比例运放的电压放大倍数 $A_u = 1 + \frac{R_f}{R_1} > 3$,即起振条件要求 $R_f > 2R_1$。

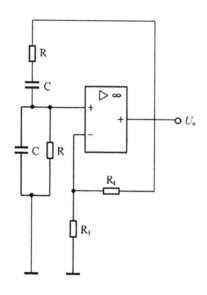

图 5-5 RC串并联网络正弦波振荡电路(文氏电桥振荡电路)

需要注意的是,R_f 只能取大于 $2R_1$ 的值。如果取值过大,则由于放大倍数过高,振荡将越来越激烈,使运放工作很快进入非线性区,输出波形失真。因此,放大电路放大倍数不能过大,这正是运放引入负反馈的主要目的所在。

图 5-6 需加稳幅措施,因为振荡以后,振荡电路的振幅会不断增加,由于受运算放大电路最大输出电压的限制,输出波形将产生非线性失真。因此,只要设法使输出电压的幅值增大,$|\dot{A}\dot{F}|$ 适当减小(反之则应增大),就可以维持 U_0 的幅值基本不变。

通常利用二极管和稳压器的非线性特性、场效应管的可变电阻特性及热敏电阻等元件的非线性特性,来自动稳定振荡器输出的幅度。

当选用热敏电阻时,有两种措施。一种是选择负温度系数的热敏电阻作为反馈电阻 R_f,当电压 U_o 的幅值增加,使 R_f 的功耗增大时,它的温度上升,则 R_f 阻值下降,放大倍数下降,输出电压 U_o 也随之下降。如果参数选择合适,输出电压的幅值基本稳定,且波形失真较小。另一种是选择正温度系数的热敏电阻 R_1,也可实现稳幅,其工作原理读者可自行分析。

在图 5-6(a)中,R_f 两端并联两只二极管 VD_1、VD_2 用稳定振荡电路输出 $\dot{U}_o$ 的幅度。如图 5-6(b)所示,当振荡幅度较小时,流过二极管的电流较小,设相应的工作点为 A、B,此时,与直线 AB 斜率相对应的二极管等效电阻 R_D 增大;同理,当振荡幅度增大,流过二极管的电流增加,其等效电阻 R_D 减小,如图中直线 CD 所示。这样 $R'_f = R_f // R_D$ 也随之而变,降低了放大电路的放大倍数,从而达到稳幅的目的。

2. RC 桥式振荡电路(文氏电桥振荡电路)

(1)电路组成。桥式 RC 振荡电路如图 5-7 所示,它实际是一个具有正反馈的两级阻容耦合放大电路。图中 RC 串并联选频网络接在运算放大电路的输出端和同相输入端之间,构成正反馈,R_f、R_1 接在运算放大电路的输出端和反相输入端之间,构成负反馈。正反馈电路与负反馈电路构成一个文氏桥电路,运算放大电路的输入端和输出端分别跨接在电桥的对角线上,所以这种振荡电路称为 RC 桥式振荡电路。

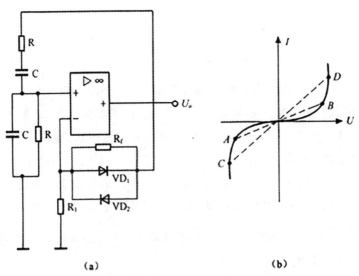

(a)   (b)

图 5-6 二极管稳幅电路的 RC 串并联网络振荡电路

(a)电路 (b)稳幅原理

(2)选频特性。从图 5-7 采用运算放大器的 RC 桥式振荡电路和以前的分析中可以看出,产生振荡的相位条件是 $\varphi = \varphi_A + \varphi_F = \pm 2n\pi$,而对于 RC 桥式振荡电路 $\varphi_F = 0$,所以必须是 $\varphi_A = \pm 2n\pi$,即输入电压与输出电压同相位。当 $C_1 = C_2 = C, R_1 = R_2 = R$ 时,电路的振荡频率为

$$f = f_0 = \frac{1}{2\pi RC}$$

u_o 与 u_i 同相位,可以证明,在 $f = f_0$ 时,$|F| = F_{max} = \frac{1}{3}$。根据振荡的幅值条件,令 $|AF| > 1$,所以 $A > 3$。这就是 RC 桥式振荡电路的起振条件,对于同相比例运算放大器,这很容易实现。

(三)RC 移相振荡电路

除了 RC 桥式振荡电路以外,还有一种最常见的 RC 振荡电路称为 RC 移相式振荡电路,其电路如图 5-8 所示,图中反馈网络由三级 RC 移相电路构成。

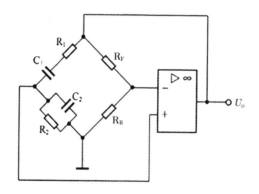

图 5-7 采用运算放大电路的 RC 桥式振荡电路

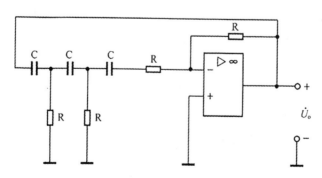

图 5-8 RC 移相式振荡电路

电路为什么要用三级 RC 电路来移相呢？由于图中集成运算放大电路的相移为 180°,满足振荡的相位平衡条件,要求反馈网络对某一频率的信号再移相 180°,图 5-8 中 RC 构成超前相移网络。由于一级 RC 电路的最大相移为 90°,不能满足振荡的相位条件;两级 RC 电路的最大相移可以达到 180°,但当相移等于 180°时,输出电压已接近于零,故不能满足起振的幅度条件。所以,这里采用三级 RC 超前相移网络,三级相移网络对不同频率的信号所产生的相移是不同的,但其中总有某一个频率的信号,通过此网络产生的相移刚好为 180°,满足相位平衡条件而产生振荡,该频率即为振荡频率。根据相位平衡条件,可求得移相式振荡电路的振荡频率为

$$f_0 = \frac{1}{2\pi\sqrt{6}\,RC} \qquad (5\text{-}2\text{-}3)$$

RC 移相式振荡电路具有结构简单、经济方便等优点。其缺点是选频性能较差,频率调节不方便,由于输出幅度不够稳定,输出波形较差,一般只用于振荡频率固定,稳定性要求不高的场合。

RC 正弦波振荡电路适用于 f_0 不超过 1 MHz 的场合。要提高 f_0 势必减小 RC,而 R 的减小使放大电路的负载加重,而 C 的减小将使 f_0 受寄生电容的影响,此外,普通集成运算放大电路的带宽较窄,也限制了振荡频率的提高。因此,RC 振荡电路通常只作为低频振荡器使用,需要更高频率的振荡电路,可采用 LC 振荡器。

第三节　LC 振荡电路

LC 振荡电路是由 LC 并联回路作为选频网络的振荡电路,它多用于产生振荡频率在几百千赫兹以上,甚至高达 1000 MHz 的正弦波信号,由于振荡频率较高,而普通集成运算放大电路的频带较窄,高速集成运算放大电路的价格较高,所以 LC 振荡电路常用分立元件组成。故判断其能否起振除需考虑振幅平衡与相位平衡条件外,首先还应判断静态工作点是否合适。

按照反馈网络的不同,LC 振荡电路分为变压器反馈式和 LC 三点式。

(一)变压器反馈式振荡电路

1.电路构成

变压器反馈式振荡电路如图 5-9 所示,它的基本部分是一个分压偏置的共

射放大电路,但其集电极负载换成 LC 并联谐振回路,是振荡电路的选频网络,该电路由放大电路、变压器反馈电路和 LC 选频电路三部分组成。在图 5-9 所示的电路中,3 个线圈作变压器耦合,线圈 L_1 与电容 C 组成选频电路,L_2 是反馈线圈,L_3 线圈与负载相连。放大电路没有外加输入信号而由变压器耦合取得的反馈电压来提供。放大电路的输出也是通过变压器耦合加到负载电阻 R_L 上,C_b 为隔直电容,目的是避免基极经 L 对地形成直流通路,而使三极管 VT 截止,无法在放大状态下工作。

2. 电路原理

由于 LC 回路在振荡频率 f_0 处阻抗最大,因而放大器对该频率信号的放大倍数也最大,即该放大电路能对频率为 f_0 的信号进行选频放大。并且,由于振荡频率处 LC 回路呈纯电阻性,因此对于频率为 f_0 的信号,放大器的集电极输出与基极输入相位相差 180°,即反相。

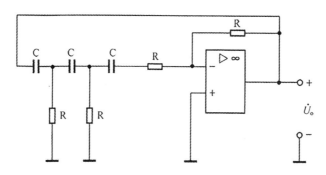

图 5-8　RC 移相式振荡电路

反馈是由变压器副边绕组 L_3 来实现的。要满足相位平衡条件,变压器同名端的接法至关重要。该电路同名端必须如图 5-9 所示,这可由瞬时极性法来验证:将图中反馈点断开,由基极引入频率为 f_0 的信号,假设对地瞬时极性为正,则集电极(B 点)反相为负。由于直流电源对交流信号相当于短路,即 D 点交流接地,故 $U_D > U_B$;相应地,F 点(D 点同名端)的电位也高于 E 点,即有 $U_f > U_e$,而 E 点接地,故 F 点对地为正,即反馈信号与输入信号同相,满足了正反馈的相位平衡条件。

对于其他频率的信号,一方面,LC 振荡回路的阻抗较小,故放大倍数也较小;另一方面,LC 振荡回路有相移,故放大电路的输入与输出不再为反相关系,经变压器反馈后也不满足相位平衡条件。所以不能形成振荡。

由图 5-9 可以看出,集电极输出信号与基极相位差为 180°,通过变压器的适当连接,使之从 L_2 两端引回的交流电压又产生 180° 的相移,所以满足相位条件。当产生并联振时,振荡频率为

$$f_0 = \frac{1}{2\pi\sqrt{LC}} \tag{5-3-1}$$

分析可得到该电路的起振条件为

$$\beta > \frac{RCr_{be}}{M} \tag{5-3-2}$$

式中,β 和 r_{be} 分别为三极管的电流放大系数和输入电阻;M 为 N_1 和 N_2 两个绕组之间的等效互感;R 为二次侧绕组的参数折合到一次侧绕组后的等效电阻。

当将振荡电路与电源接通时,在集电极选频电路中激起一个很小的电流变化信号,只有与振荡频率 f_0 相同的那部分电流变化信号能通过,其他分量都被阻止。通过的信号经反馈、放大再通过选频电路,就可产生振荡。当改变 LC 电路的参数 L 或 C 时,振荡频率也相应地改变。

如果没有正反馈电路,反馈信号将很快衰减。形成正反馈电路,线圈 L_1 的极性(即同名端)是关键,不能接错,使用中要特别注意。

一般情况下,变压器反馈式振荡电路的起振条件和振幅平衡条件很容易满足。在分析中应重点分析其相位平衡条件,因此,判断能否起振的关键在于根据变压器的同名端的接法,看其是否构成正反馈。

3. 变压器反馈式振荡电路的特点

只要线圈的同名端正确,调节 L_1 和 L_3 的匝数比,电路很容易起振。变压器反馈振荡电路的优点是:电路结构简单,容易起振,改变电容的大小可以方便地调节频率。其缺点是:由于该电路存在变压器绕组匝间分布电容和三极管结电容,变压器耦合的漏感等影响,因此振荡频率不可能太高,否则波形会变坏,且频率不稳定,故一般只适用于几兆赫兹至十几兆赫兹的振荡信号的产生。改进电路常应用电感反馈式振荡电路。

(二)LC 三点式振荡电路

LC 三点式振荡电路包括电感三点式振荡电路和电容三点式振荡电路,如

图 5-10 所示。

由图可见,LC 三点式振荡器的结构具有以下特点。

(1)均从 LC 振荡回路引出 3 个端子分别接三极管的 3 个电极,电感三点式是从电感引出 3 个端子,分别接三极管的 3 个电极;电容三点式则是从电容引出 3 个端子,分别接三极管的 3 个电极。

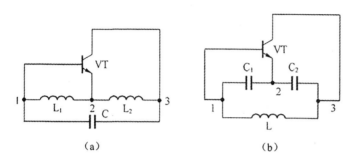

图 5-10 LC 三点式振荡电路的结构示意
(a)电感三点式 (b)电容三点式

(2)三极管的 b、e 极和 c、e 极之间电抗特性必须同性质(即同为感性,或同为容性),而三极管 b、c 间电抗性质则与之相反。即相同性质元件的中心抽头 2 必须接到三极管 e 极。

(3)由于振荡时 LC 振荡回路内的电流远高于回路外的电流,可忽略外界影响,因此,中心抽头 2 的电位必定介于 1、3 之间。三端中常有一端交流接地。对振荡频率信号而言,若 2 端接地,则 1、3 两端反相;若 1 端或 3 端接地,则另两端必然同相。

1. 电感三点式振荡电路——哈特雷电路

(1)电路构成。图 5-11(a)所示电路为电感三点式振荡电路,也称哈特雷电路,其交流等效电路如图 5.11(b)所示。显然放大电路采用了共射极接法,电阻 R_{b1}、R_{b2}、R_e 组成分压式偏置电路,电容 C_b 用于隔直,电容 C_e 用于交流旁路。L_1、L_2 和 C 构成的谐振回路引出 3 个端子 1、2、3 分别接晶体三极管的 3 个电极 c、e、b,即 L_1、L_2 和 C 组成振荡回路,起选频和反馈作用,实际就是一个具有抽头的电感线圈,类似于自耦变压器。

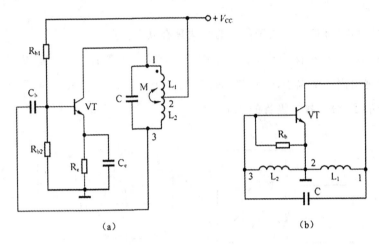

图 5-11 电感三点式振荡电路

(a)电路原理　(b)交流等效电路

（2）电路原理。适当地选取电路参数保证电路工作在放大状态，由图 5-11(b)可知反馈电压取自 L_2，改变 L_2 的匝数可改变反馈深度，只要恰当地选择 L_1 与 L_2 的匝数比，起振条件、振幅平衡条件很容易满足。

对于共射极放大电路而言，其基极 b、集电极 c 反相。设基极输入信号为正，则集电极输出信号为负，即 L_1 的 1 端为负，而 2 端为交流接地，所以 L_2 的 3 端为正，从 L_2 正端取出的反馈信号为正，与假设输入信号的极性相同，形成正反馈。满足相位平衡条件。

电感三点式振荡电路的振荡频率取决于 LC 振荡回路的振荡频率，其振荡频率为

$$f_0 = \frac{1}{2\pi\sqrt{LC}} \tag{5-3-3}$$

式中，$L = L_1 + L_2 + 2M$ 为回路的等效电感，而 M 为 L_1 与 L_2 之间的互感。

（3）电路的特点。该振荡电路的 L_1 和 L_2 是自耦变压器，耦合很紧，容易起振，改变抽头位置可获得较好的正弦波振荡，且输出幅度较大；调节电容 C 可方便地调节振荡频率，而不影响起振条件，因而在需要改变频率的场合应用较广，所以，频率的调节可采用可变电容，调节方便。其缺点是，由于反馈电压取自 L_2，它对高次谐波阻抗大，输出波形中含较多的高次谐波，所以波形较差；振荡

频率的稳定性较差。一般电感反馈式振荡电路适用于振荡频率在几十兆赫以下的信号发生器中。一般用于收音机的本机振荡及高频加热器等。

2. 电容三点式振荡电路——考毕兹电路

（1）电路构成。电容反馈式振荡电路与电感反馈式振荡电路比较，只是把 LC 回路中的电感和电容的位置互换。电路如图 5-12(a)所示，其交流等效电路如图 5-12(b)所示。

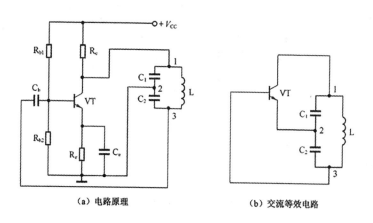

（a）电路原理　　**（b）交流等效电路**

图 5-12　电容三点式振荡电路
(a)电路原理　(b)交流等效电路

显然放大电路采用了共射极接法，电阻 R_{b1}、R_{b2}、R_e 组成分压式偏置电路，电容 C_b 用于隔直，电容 C_e 用于交流旁路。C_1、C_2 和 L 构成的振荡回路引出 3 个端子 1、2、3 分别接晶体三极管的 3 个电极 c、e、b。

（2）电路原理。适当地选取电路参数保证电路工作在放大状态，由图 5-12 (b)可知反馈电压取自 C_2，改变 C_2 的容量可改变反馈深度，只要恰当地选择 C_1 与 C_2 之比，起振条件、振幅平衡条件就很容易满足。

对于共射极放大电路而言，其基极 b、集电极 c 反相。设基极输入信号为正，则集电极输出信号为负，即 C_1 的 1 端为负，而 2 端为交流接地，所以 C_2 的 3 端为正，从 C_2 正端取出的反馈信号为正，与假设输入信号的极性相同，形成正反馈。满足相位平衡条件。

电容三点式振荡电路的振荡频率仍取决于 LC 振荡回路的振荡频率，其振荡频率为

$$f_0 = \frac{1}{2\pi\sqrt{LC}} \tag{5-3-4}$$

式中，$C = \dfrac{C_1 C_2}{C_1 + C_2}$ 为回路的等效电容。

（3）电路特点。与电感三点式振荡电路相比，电容三点式振荡电路反馈信号取自电容，而电容对高次谐波的阻抗较小，故反馈电压中高次谐波成分少，输出波形好。其较电感反馈式振荡电路受晶体三极管极间电容的影响比较小，即频率稳定性较高。其缺点是：调节电容可调节振荡频率，但同时也影响到起振条件，为了保持反馈系数不变，必须同时改变电容 C_1 和 C_2，较为不便，所以频率调节不便，调节范围较小。它适用于对波形要求较高而振荡频率固定的场合。一般只用于高频振荡器中，C_1 和 C_2 可以选得较小，振荡频率一般可达 100 MHz 以上。

为了克服调节范围小的缺点，常在 L 支路中串联一个容量较小的可调电容，用它来调节振荡频率。

3.改进型电容三点式振荡电路

在电容三点式振荡电路中，由于电容 C_1 和 C_2 分别接晶体三极管各极之间，当振荡频率较高时，晶体三极管的结电容的影响不可忽略，直接影响振荡电路的频率稳定程度。为了减少这种影响，需要对电容三点式振荡电路做必要的改进。

（1）串联型电容三点式振荡电路——克拉泼电路。如图 5-13 所示，其工作原理同电容三点式振荡电路，这里不再分析。

由图 5-13 可知，串联型电容三点式振荡电路的振荡频率为

$$f_0 = \frac{1}{2\pi\sqrt{LC}}$$

式中，$\dfrac{1}{C} = \dfrac{1}{C_1} + \dfrac{1}{C_2} + \dfrac{1}{C_3}$。

如果 C_1 和 C_2 比 C_3 大得多，$C_1 \gg C_3$，$C_2 \gg C_3$，则 $C \approx C_3$。

振荡频率近似为

$$f_0 = \frac{1}{2\pi\sqrt{LC_3}} \tag{5-3-5}$$

可见，此时振荡频率 f_0 主要取决于 L 和 C_3 的数值，几乎与受晶体三极管的结电容影响的电容 C_1、C_2 无关，因而提高了振荡频率的稳定性。

（2）并联型电容三点式振荡电路——西勒电路。如图 5-14 所示，其工作原

理同电容三点式振荡电路,这里不再分析。

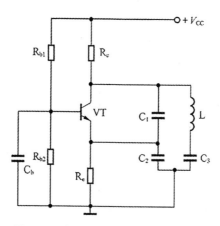

图 5-13 串联型电容三点式振荡电路

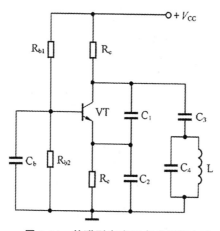

图 5-14 并联型电容三点式振荡电路

由图 5-14 可知,并联型电容三点式振荡电路的振荡频率为

$$f_0 = \frac{1}{2\pi \sqrt{L(C+C_4)}}$$

式中,$\dfrac{1}{C} = \dfrac{1}{C_1} + \dfrac{1}{C_2} + \dfrac{1}{C_3}$。

如果 C_1 和 C_2 比 C_3 大得多,即 $C_1 \gg C_3$,$C_2 \gg C_3$,则 $C \approx C_3$。

振荡频率近似为

$$f_0 = \frac{1}{2\pi \sqrt{(C_3+C_4)}}$$

可见,此时振荡频率 f_0 主要取决于 L、$C_3 + C_4$ 的数值,几乎与晶体三极管的结电容影响的电容 C_1、C_2 无关,因而提高了振荡频率的稳定性。

第四节 石英晶体振荡电路

LC 并联网络的品质因数 Q 的大小决定着振荡电路的频率稳定度。为了提高 Q 值,应尽量减少回路等效损耗电阻值 R ,并增大 L 与 C 的比值。但增大 L 必将使线圈电阻增大,损耗增大,导致 Q 值减小。另外,电容太小将增加分布电容及杂散电容对 LC 谐振回路的影响。所以 LC 回路中的 Q 值不能无限制增加,通常最高只能达到几百。如果要得到更高的频率稳定度,可以采用晶体振荡电路。晶体振荡电路中的晶体常采用石英晶体谐振器。天然的石英晶体为六角锥体,在不同方向上切割,可制成不同的晶片,在晶片的两个面上加上电极,即可制成石英晶体谐振器。

一、石英晶体谐振器的电特性

(一)石英晶体谐振器的基本特性

石英晶体谐振器的主要特性是它的压电效应。所谓压电效应,指的是在石英晶体谐振器的两个电极上加电场,晶片会发生变形;在晶片上加压力后,在谐振器的电极上会产生电场。当在石英晶体谐振器的电极上加交变电场时,晶体会发生周期性振动;同时,周期性振动又会激发交变电场。当晶片的形状、大小等确定时,石英晶体谐振器进行周期性振动的频率为一固定值,该频率称为其固有频率或谐振频率。当外加信号的频率在固有频率附近时,就会发生谐振现象,它既表现为晶体的机械共振,又在电路上表现出电谐振。对于一定尺寸和大小的晶片,它既可以在基频上谐振,也可在高次谐波上谐振。

(二)石英晶体谐振器的等效电路

石英晶体谐振器的电路符号如图 5-15(a)所示。基于石英晶体谐振器的谐振特性,常用图 5-15(b)来表示其等效电路。图中 C 代表晶体作为介质的静电电容,约为几 pF 至几十 pF;L、C 和 R 代表晶片的谐振特性,R 的值约为 100Ω , L 为 $10^{-3} \sim 10^2$ H,C 为 $10^{-2} \sim 10^{-1}$ pF,晶体的品质因数可达 $10^4 \sim 10^6$,因此,晶体振荡电路的频率稳定度可以达到 $10^{-4} \sim 10^{-1}$ 。

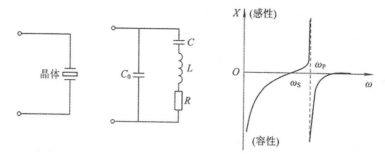

图 5-15 石英晶体谐振器

(a)电路符号 (b)等效电路 (c)石英晶体谐振器电抗的频率特性

(三)石英晶体谐振器阻抗的频率特性

忽略 R 时,根据石英晶体谐振器的等效电路,得到它的等效阻抗为

$$Z = \frac{\dfrac{1}{jwC_0}}{jwL + \dfrac{1}{jwC_0}} = \frac{j}{w}\frac{w^2LC - 1}{C_0(w^2LC - 1) - C} \qquad (5\text{-}4\text{-}1)$$

当 $w^2LC - 1 = 0$ 时,石英晶体谐振器具有串联谐振的特点,这时的频率称为串联谐振频率 w_s,其值为

$$w_s = \frac{1}{\sqrt{LC}} \qquad (5\text{-}4\text{-}2)$$

串联谐振时石英晶体谐振器的阻抗为纯阻,且最小。

当 $C_0(w^2LC - 1) - C = 0$ 时,石英晶体谐振器具有并联谐振的特点,称这时的频率为并联谐振频率 w_p,其值为

$$w_p = \frac{1}{\sqrt{LC}}\sqrt{1 + \frac{C}{C_0}} \qquad (5\text{-}4\text{-}3)$$

并联谐振时石英晶体谐振器的阻抗为纯阻,且最大。

根据式(5-4-1)可画出石英晶体谐振器电抗的频率特性,如图 5-15(c)所示。从图中可以看出,当 $w < w_s$ 或 $w > w_p$ 时,石英晶体谐振器的等效电抗呈容性;当 $w_s < w < w_p$ 时,等效电抗呈感性。

同一型号的石英晶体既可以工作于并联谐振频率,也可以工作于串联谐振频率。工作于并联谐振频率时,可以外接小的负载电容 C_s,改变 C_s 可以使晶

体的谐振频率在一个小范围内调整,使并联谐振频率等于串联谐振频率。C_s 与晶体的串接如图 5-16 所示,C_s 的值应比 C 大。

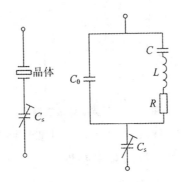

5-16　晶体与负载电容的连接及等效电路

二、石英晶体振荡电路

实际的石英晶体振荡电路形式多种多样,根据晶体在电路中所起的作用,通常分为串联型和并联型石英晶体振荡电路。

在串联型石英晶体振荡电路中,晶体作为短路元件接入电路中;而在并联型石英晶体振荡电路中,晶体的工作频率位于 w_s 与 w_p 之间,晶体作为电感接于电路中。现以图 5-17 所示并联晶体振荡电路为例,对石英晶体振荡电路做简要介绍。由图 5-15(c)和图 5-17 可知,从相位平衡的条件出发来分析,这个电路的振荡频率必须在石英晶体的 w_s 与 w_p 之间。也就是说,晶体在电路中起电感的作用。显然,图 5-17 属于电容三点式 LC 振荡电路,振荡频率由谐振回路的参数(C_1、C_2、C_3 和石英晶体的等效电感 L_{CP} 决定。但要注意,由于 $C_1 \gg C_s$ 和 $C_2 \gg C_s$,所以振荡频率主要取决于石英晶体与 C_s 的谐振频率,与石英晶体本身的谐振频率十分接近。石英晶体作为一个等效电感,L_{ep} 很大,而 C_s 又很小,使得等效 Q 值极高,其他元件和杂散参数对振荡频率的影响很小,故频率稳定性很高。

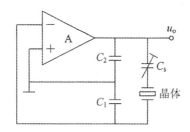

图 5-17　并联石英晶体振荡电路

第五节　非正弦波发生电路

在实际中还经常用到方波、三角波、锯齿波等非正弦波,这些波形可由正弦波整形后得到,也可用电路直接产生。目前鉴于集成运算放大器的优良性能,高质量的上述波形都由运算放大器产生。本节将介绍产生这些波形的基本电路。另外,在非正弦波发生电路中经常用到比较器,下面首先介绍各种比较器。

一、电压比较器

电压比较器就是将一个连续变化的输入电压与基准电压进行比较,输出高电平和低电平表明比较结果的电路。因而它首先广泛应用于各种报警电路中,输入的模拟电压可能是温度、压力流量、液面等通过传感器采集的信号。其次,电压比较器在自动控制、电子测量、鉴幅、模/数转换、各种非正弦波的产生和变换电路中也得到了广泛的应用。

在电压比较器电路中,集成运放工作在开环或者正反馈状态,因而工作在非线性区。理想运放工作在非线性区时,输出电压与输入电压不成线性关系,输出电压只有两种可能性:若 $u_P > u_{Ns}$,则 $u_O = +U_{OM}$;若 $u_P < u_n$,则 $u_O = -U_{OM}$。通常利用输出电压 u_O 和 u_1 之间的函数曲线关系来描述电压比较器,称为电压传输特性。电压传输特性有三个要素:

(1)输出电压高电平 U_{OH} 和低电平 U_{OL} 的数值。这两个值的大小取决于集成运放的最大输出幅值或集成运放输出端所接的限幅电路。

(2)阈值电压 U_T(或称转折电压、门槛电压、门限电平等)的大小。U_T 是使输出电压从 U_{OL} 跃变为 U_{OH} 和从 U_{OH} 跃变为 U_{OL} 的输入电压,也就是使集成运放两个输入端电位相等($u_P = u_n$)时的输入电压值。

(3)输入电压 u_I 过阈值电压 U_T 时输出电压 u_O 的跃变方向。

只要正确地求出上述三个要素，就能画出电压比较器的电压传输特性，从而得到其功能和特点。

常用的电压比较器主要有单门限比较器、迟滞比较器、窗口比较器，下面主要介绍前两种比较器。

(一)单门限比较器

只有一个阈值电压的比较器称为单门限比较器。电路如图 5-18 所示，如果 u_N 为固定的参考电压 U_{REF}，在同相输入端接输入信号 u_I，$u_I > U_{REF}$ 时，$u_O = U_{OH}$；$u_I < U_{REF}$ 时，$u_O = U_{OL}$。

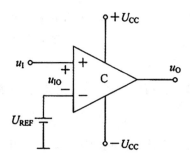

图 5-18　单门限比较器

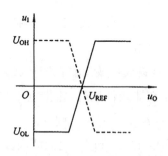

图 5-19　单门限比较器的电压传输特性

这种电路的特点是，只要输入电压变化到参考电压 U_{REF}，输出电压就会发生跳变，因此称为单门限比较器，其电压传输特性见图 5-19。当 $U_{REF} = 0$ 时，称为过零比较器。

(二)迟滞比较器

当单门限比较器的输入电压在阈值电压附近上下波动时，不论这种变化是干扰或噪声作用的结果,还是输入信号自身的变化,都将使输出电压在高、低电平之间反复跃变。这一方面表明电路的灵敏度高,另一方面也表明电路的抗干扰能力差。在实际应用中,有时电路过分灵敏会对执行机构产生不利的影响,甚至使之不能正常工作。因而,需要电路有一定的惯性,即在输入电压一定的变化范围内保持输出电压原状态不变,迟滞比较器具有这样的特点。

如图 5-20 所示,在反相输入单门限比较器的基础上引入正反馈,就组成了具有双门限的反相输入迟滞比较器。如将 u_I 与 U_{REF} 位置互换,就可组成同相输入迟滞比较器。由于正反馈的作用,这种比较器的门限电压随输出电压 u_O 的变化而变化。它的灵敏度低一些,但是抗干扰的能力却大大提高了。

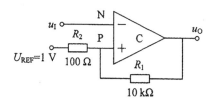

图 5-20 反相输入迟滞比较器电路

1. 门限电压的估算

由图 5-20 可得

$$u_n = u_I$$

$$u_P = U_{REF} + \frac{u_O - U_{REF}}{R_1 + R_2} R_2 = \frac{u_O R_2 + U_{REF} R_1}{R_1 + R_2}$$

当 $u_n = u_P$ 时,阈值电压 $U_T = u_P$。

根据输出电压 u_O 的不同值(U_{OH} 或 U_{OL}),可求出上门限电压 U_{T+} 和下门限电压 U_{T-} 分别为

$$U_{T+} = \frac{U_{OH} R_2 + U_{REF} R_1}{R_1 + R_2} \tag{5-5-1}$$

$$U_{T-} = \frac{U_{OL} R_2 + U_{REF} R_1}{R_1 + R_2} \tag{5-5-2}$$

门限宽度或回差电压为

$$\Delta U_T = U_{T+} - U_{T-} = \frac{R_2(U_{OH} - U_{OL})}{R_1 + R_2} \tag{5-5-3}$$

2. 传输特性

当 $u_I = 0$ 时,$u_O = U_{OH}$,$u_P = U_{T+}$;在 u_I 由零向正方向增加到接近 u_P

$=U_{T+}$ 前，$u_O=U_{OH}$ 保持不变。当 u_I 增加到略大于 $u_P=U_{T+}$，则 u_O 由 U_{OH} 下跳到 U_{OL}，同时使 u_P 下跳到 $u_P=U_{T-}$，$u_P=U_{T+}$ 再增加，u_O 保持 $u_O=U_{OL}$ 不变，其传输特性曲线如图 5-21(a) 所示。

若减小 u_I，当 $u_I>u_P=U_{T-}$，u_O 保持 $u_O=U_{OL}$ 不变；当 $u_I<u_P=U_{T-}$ 时，u_O 由 U_{OL} 上跳到 U_{OH}，其传输特性曲线如图 5-21(b) 所示。完整的传输特性曲线如图 5-21(c) 所示。据 U_{REF} 的极性和大小，门限电压可正可负。

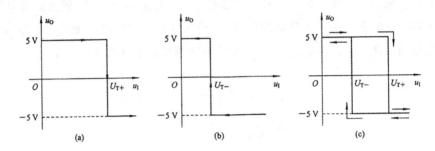

图 5-21　反相迟滞比较器的传输特性

二、方波发生电路

方波发生电路是能够直接产生方波信号的非正弦波发生电路，由于方波或矩形波中包含有极丰富的谐波，因此，方波发生电路又称为多谐波振荡电路。由迟滞比较器和 RC 积分电路组成的方波发生电路如图 5-21 所示。图示为双向限幅的方波发生电路。图中运放和 R_1、R_2 构成迟滞比较器，双向稳压管用来限制输出电压的幅度。比较器的输出由电容上的电压 u_C 和 u_O 在电阻 R_2 上的分压 u_P 决定，当 $u_C>u_P$ 时，$u_O=-U_Z$，当 $u_C<u_P$ 时，$u_O=+U_Z$。$u_P=\dfrac{R_2}{R_1+R_2}u_O$。正反馈系数 $F=\dfrac{u_f}{u_O}=\dfrac{u_P}{u_O}=\dfrac{R_2}{R_1+R_2}$。

方波发生电路的工作原理：假定接通电源的瞬间，那么有 $u_P=+U_T=\dfrac{R_2}{R_1+R_2}U_Z=FU_Z$，电容沿图 5-22(a) 所示方向充电，$u_C$ 上升。当 u_C 略大于 $+U_T$ 时，输出电压 u_O 立即由正饱和值（$+U_Z$）翻转到负饱和值（$-U_Z$），$u_P=-U_T=-\dfrac{R_2}{R_1+R_2}U_Z=-FU_Z$，充电过程结束；接着，由于 u_O 由 $+U_Z$ 变为 $-U_Z$，电容开始放电，放电方向如图 5-22(b) 所示，同时 u_C 开始下降，当 u_C 下降到略负于 $-U_T$ 时，u_O 由 $-U_Z$ 变为 $+U_Z$，重复上述过程。工作过程波形图如图 5-23 所示。

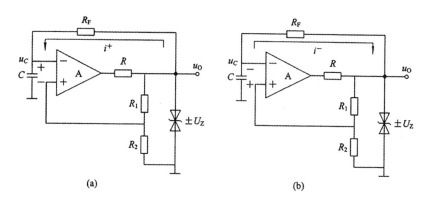

图 5-22　方波发生电路

（a)充电情况　（b)放电情况

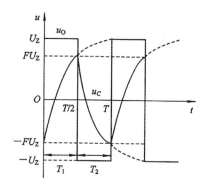

图 5-23　方波发生电路输出波形与电容器电压波形图

综上所述,这个方波发生电路是利用正反馈,使运算放大器的输出在两种状态之间反复翻转,RC 电路是它的定时元件,决定着方波在正负半周的时间 T_1 和 T_2 由于该电路充放电时间常数相等,即

$$T_1 = T_2 = R_f Cln(1 + \frac{2R_1}{R_2})$$

方波的周期为

$$T = T_1 + T_2 = 2R_f Cln(1 + \frac{2R_1}{R_2})$$

另外,如果想利用该电路得到正负半周时间不等的矩形波,可在原电路的基础上,增加两个二极管,电路如图 5-24 所示。调节 R_w,即可调节充放电的时间,使正负半周的时间不相等。

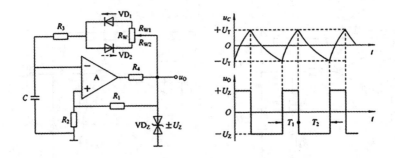

图 5-24　宽度可调的矩形波发生电路

三、方波-三角波发生电路

图 5-25 为一实用的方波-三角波发生电路,由迟滞比较器和积分电路组成。虚线左边为同相输入的迟滞比较器,右边为积分运算电路。

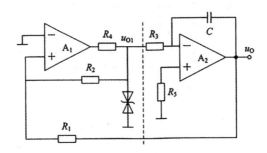

图 5-25　方波-三角波发生电路

同相迟滞比较器的输出高、低电平分别为

$$U_{OH} = +U_Z, U_{OL} = -U_Z$$

积分运算电路的输出电压 u_O 作为迟滞比较器的输入电压,A_1 同相输入端的电位为

$$U_{P1} = u_{O1} + \frac{u_O - u_{O1}}{R_1 + R_2} R_2 = \frac{u_{O1} R_1 + u_O R_2}{R_1 + R_2}$$

令 $u_{P1} = u_{N1} = 0$,并将 $u_{O1} = \pm U_Z$ 代入,可得迟滞比较器的阈值电压为

$$+U_T = \frac{R_1}{R_2} U_Z, \quad -U_T = \frac{R_1}{R_2} U_Z$$

u_{O1} 作为积分电路的输入,则积分电路的输出电压表达式为

$$u_O = -\frac{1}{R_3C}\int u_{O1}dt$$

下面分析电路工作的振荡原理。

假定接通电源的瞬间，电容上电压 $u_C = 0$，比较器的输出电压 $u_{O1} = +U_Z$，那么有

$$u_O = -\frac{1}{R_3C}u_{O1}t = -\frac{U_Z}{R_3C}t$$

即输出电压 u_O 从 0 开始线性下降，电容开始充电，同时，U_{P1} 也以 $\frac{U_ZR_1}{R_1+R_2}$ 为起点，随 u_O 线性下降。

当 u_O 下降到 0，即 $u_O = -\frac{U_ZR_1}{R_2} = -U_T$ 时，u_{O1} 由 $+U_Z$ 翻转为 $-U_Z$，U_{P1} 产生向下的突变，由 0 变为 $\frac{2U_ZR_1}{R_1+R_2}$，这时，电容开始放电，u_O 开始线性上升，U_{P1} 随之上升。

当 U_{P1} 上升到 0，即 $u_O = \frac{U_ZR_1}{R_2} = +U_T$ 时，u_{O1} 由 $-U_Z$ 翻转为 $+U_Z$，U_{P1} 产生向上的突变，由 0 变为 $\frac{2U_ZR_1}{R_1+R_2}$，这时，电容又开始充电，u_O 以 $\frac{U_ZR_1}{R_2}$ 为起点开始线性下降，U_{P1} 随之下降。重复上述过程。

工作过程的波形图如图 5-26 所示。

从图中可以看出，比较器的输出 u_{O1} 为方波，积分电路的输出 u_O 为三角波。同时，由于电容 C 充放电的时间常数均为 R_3C，所以输出三角波中线性下降的时间 T_1 和线性增长的时间 T_2 相同，这种三角波称为对称三角波。方波和三角波的周期为

$$T_1 = T_2 = \frac{2R_1R_3C}{R_2}$$

$$T = T_1 + T_2 = \frac{4R_1R_3C}{R_2}$$

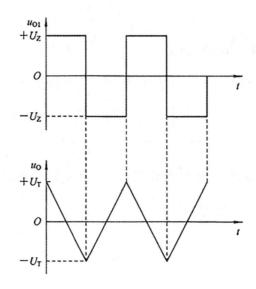

图 5-26　电路工作过程的波形图

在调试电路时,应先调整电阻 R_1 和 R_2,使输出幅度达到设计值,再调整 R_3 和 C,使振荡周期满足要求。

四、锯齿波发生电路

锯齿波是不对称的三角波。在三角波发生电路中,电容充放电的时间常数相同,输出为对称三角波,如果电容充放电的时间常数不相同,并且相差很大,则输出为锯齿波。图 5-27 所示的电路即锯齿波发生电路,通常 R_3 远小于 R_w。

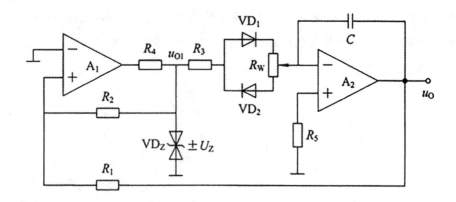

图 5-27　锯齿波发生器

从图中可以看出，设二极管导通时的等效电阻可以忽略不计，电位器的滑动端移到最上端。当 $u_{O1} = +U_Z$ 时，VD_1 导通，电容通过 R_3 充电，充电时间常数为 $R_3 C$；当 $u_{O1} = -U_Z$ 时，VD_2 导通，电容通过 R_w 和 R_3 放电，放电时间常数为 $(R_w + R_3)C$。当 $R_3 + R_w \gg R_3$ 时，放电时间常数远大于充电时间常数，充电速度快，而放电很慢，因而输出为锯齿波。电路的工作波形如图 5-28 所示。

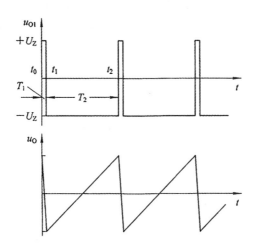

图 5-28　电路工作过程的波形图

分析工作波形可以知道，下降时间为

$$T_1 = \frac{2R_1 R_3 C}{R_2}$$

上升时间为

$$T_2 = \frac{2R_1(R_3 + R_w)C}{R_2}$$

振荡周期为

$$T = T_1 + T_2 = \frac{2R_1(2R_3 + R_w)C}{R_2}$$

矩形波的占空比为

$$q = \frac{T_1}{T} = \frac{R_3}{2R_3 + R_w}$$

调整 R_1 和 R_2 的阻值可以改变锯齿波的幅值；调整 R_1、R_2 和 R_w 的阻值以及 C 的容量，可以改变振荡频率；调整电位器的滑动位置，可以改变矩形波的占空比，以及锯齿波的上升和下降的斜率。

第六章

直流稳压电源

第一节　直流电源的组成及主要性能指标

一、直流电源的组成

单相交流电经过电源变压器、整流电路、滤波电路和稳压电路转换成稳定的直流电压,其方框图及各部分输出电压波形如图 6-1 所示,图中的虚线表示电网电压的波动引起各部分电压的变化。下面就各部分的作用加以介绍。

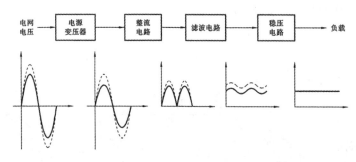

图 6-1　单相交流电转换成直流电压的方框图及各部分输出电压波形

(一)电源变压器

电网提供的一般是 220 V(或 380 V)/50 Hz 交流电压,而各种电子设备所需要的直流电压数值各不相同,电源变压器可以将电网的交流电压转换成所需要的交流电压。在变换过程中,注意电源变压器的输出电压、输出电流及功率等参数要符合设计指标的要求。

(二)整流电路

整流电路将交流电变换成脉动直流电,通常有半波整流、全波整流、桥式整流等。整流电路的输出波形如图6-1所示,这种电压虽然包含直流成分,但脉动成分很大,如果直接给电子设备供电,则会影响电路的正常工作。例如,电源交流分量将混入输入信号,被放大电路放大,甚至在放大电路的输出端所混入的交流分量大于有用信号,因而不能直接作为电子电路的供电电源。

(三)滤波电路

滤波电路一般由电感、电容等储能元件组成,它可以将单向脉动的直流电中所包含的大部分交流成分滤掉,得到一个较平滑的直流电。然而,由于滤波电路为无源电路,接入负载后输出的直流电压并不稳定,当电网波动时输出电压会跟着波动;当负载发生变化时电压也会波动。对于稳定性要求较高的电子电路,整流、滤波后的直流电压还不能满足要求。

(四)稳压电路

稳压电路有两个功能:一是在电网电压波动、负载及温度发生变化时保证输出的直流电压是稳定不变的;二是进一步滤除输出电压中的交流成分,使输出更接近直流。

二、直流电源的主要性能指标

(一)稳压系数 S_R

稳压系数指负载保持不变时,稳压电路输出电压的相对变化量与输入电压的相对变化量之比,即

$$S_R = \frac{\Delta U_0 / U_0}{\Delta U_i / U_i} \bigg|_{R_L = 常数} \qquad (6\text{-}1\text{-}1)$$

任何电源在输入电压发生变化时,输出电压都会波动。稳压系数越小,说明在相同的输入电压波动时,输出电压的波动越小,稳定性越好。

(二)输出电阻 R_0

输出电阻指当输入电压保持不变时,输出电压的变化量与输出电流变化量之比,即

$$R_0 = \frac{\Delta U_0}{\Delta I_0} \bigg|_{U_i = 常数} \qquad (6\text{-}1\text{-}2)$$

R_0 表明负载电阻对稳压电路性能的影响,其值越小,负载变化引起输出电压的波动越小,带负载能力越强。

(三)纹波电压

纹波电压指稳压电路输出端中含有的交流分量,通常用有效值或峰值表

示。纹波电压值越小越好,否则影响正常工作。具体电路中多用纹波系数表示。

(四)温度系数 S_T

温度系数指在输入电压和负载都不变的情况下,环境温度变化所引起的输出电压的变化,即

$$S_T = \frac{\Delta U_0}{\Delta T}\bigg|_{U_i=常数,R_L=常数} \tag{6-1-3}$$

S_T 越小,稳压电路受温度影响越小。

第二节　单相整流滤波电路

在工农业生产和科学研究中,主要应用交流电,但某些场合如电解、电镀、蓄电池的充电、直流电动机等都需要直流电源供电,特别是电子线路、电子设备和自动控制装置都需要稳定的直流电源。目前,由交流电源经整流、滤波、稳压而得到的半导体直流稳压电源应用广泛,其原理框图如图 6-2 所示。

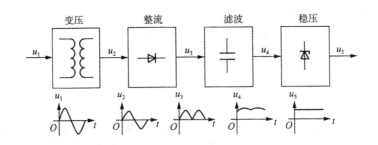

图 6-2　半导体直流稳压电源的原理框图

一、半波整流电路

半波整流电路的任务是把交流电压转变为单向脉动的直流电压。对于常见的小功率整流电路,为简单分析起见,我们把二极管当作理想元件处理,即加正向电压导通,且正向导通电阻为零(相当于短路),加反向电压截止,且反向电阻为无穷大(相当于开路)。

(一)电路结构

半波整流电路及波形如图 6-3 所示。

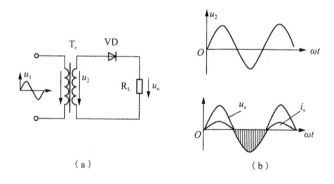

图 6-3 半波整流电路及波形

（a）电路图 （b）波形图

（二）工作原理

u_2 正半周,二极管 VD 导通,产生电流经过二极管 VD 和负载电阻 R_L,$u_0 = u_2$;u_2 负半周,二极管 VD 截止,无电流产生,$u_0 = 0$。

（三）半波整流电路基本参数的含义及其计算

由输出波形可以看到,负载上得到的整流电压、电流虽然是单方向的,但其大小是变化的,这就是所谓的单向脉动电压,常用一个周期的平均值来衡量它的大小。这个平均值就是它的直流分量。

（1）输出电压平均值 $U_{O(AV)}$:负载电阻上电压的平均值（U_2 表示 u_2 的有效值）

$$U_{O(AV)} = \frac{1}{2\pi}\int_0^\pi \sqrt{2}U_2 \sin\omega t d(\omega t) = \frac{\sqrt{2}}{\pi}U_2 \approx 0.45U_2 \qquad (6\text{-}2\text{-}1)$$

（2）输出电流平均值 $I_{O(AV)}$:流过负载电阻上电压的平均值

$$I_{O(AV)} = \frac{U_{O(AV)}}{R_L} \approx \frac{0.45U_2}{R_L} \qquad (6\text{-}2\text{-}2)$$

（3）脉动系数 S:最低次谐波的幅值与输出电压平均值之比

$$S = \frac{U_{OLM}}{U_{O(AV)}} = \frac{U_2}{\sqrt{2}} \Big/ \frac{\sqrt{2}U_2}{\pi} \frac{\pi}{2} \approx 1.57 \qquad (6\text{-}2\text{-}3)$$

（4）二极管的平均电流 $I_{D(AV)}$:等于负载电流的平均值 $I_{O(AV)}$

$$I_{D(AV)} = I_{O(AV)} = \frac{0.45U_2}{R_L} \qquad (6\text{-}2\text{-}4)$$

(5)二极管所承受的最大反向电压 U_{Dmax}

$$U_{Dmax} = \sqrt{2}\,U_2 \qquad\qquad (6\text{-}2\text{-}5)$$

二、单相桥式整流电路

(一)电路结构

单相桥式整流电路由整流变压器、4 个整流二极管($VD_1 \sim VD_4$)构成的整流桥及负载电 R_L 组成。其电路如图 6-4 所示。

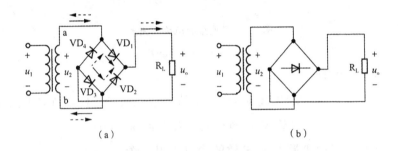

（a）　　　　　　　　　　　（b）

图 6-4　单相桥式整流电路

(a)原理电路　(b)简化电路

(二)工作原理分析

u_2 为正半周时,a 点电位高于 b 点电位,二极管 VD_1、VD_3 承受正向电压而导通,VD_2、VD_4 承受反向电压而截止。此时电流的路径为:$a \rightarrow VD_1 \rightarrow R_L \rightarrow VD_3 \rightarrow b$,如图 6-5 所示。

u_2 为负半周时,b 点电位高于 a 点电位,二极管 VD_2、VD_4 承受正向电压而导通,VD_1、VD_3 承受反向电压而截止。此时电流的路径为:$b \rightarrow VD_2 \rightarrow R_L \rightarrow VD_4 \rightarrow a$,如图 6-6 所示。图 6-7 所示为单相桥式整流电路的波形图。

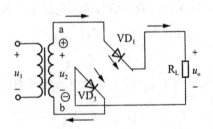

图 6-5　电流的路径示意图

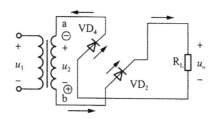

图 6-6　电流的路径示意

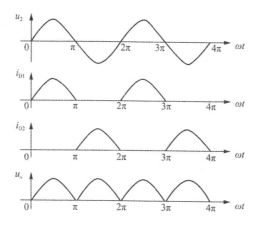

图 6-7　单相桥式整流电路的波形图

（三）单相桥式整流电路参数计算

（1）输出电压平均值 $U_{O(AV)}$ ：

$$U_{O(AV)} = \frac{1}{\pi} \int_0^\pi \sqrt{2} U_2 \sin\omega t \, d(\omega t) = \frac{2\sqrt{2}}{\pi} U_2 \approx 0.9 U_2 \qquad (6\text{-}2\text{-}6)$$

（2）输出电流平均值 $I_{O(AV)}$ ：

$$I_{O(AV)} = \frac{U_{O(AV)}}{R_L} \approx \frac{0.9 U_2}{R_L} \qquad (6\text{-}2\text{-}7)$$

（3）脉动系数 S ：

$$S = \frac{U_{OLM}}{U_{O(AV)}} \approx \frac{2}{3} \approx 1.57 \qquad (6\text{-}2\text{-}8)$$

（4）二极管的平均电流 $I_{D(AV)}$ ：等于负载电流的平均值 $I_{O(AV)}$ 的一半

$$I_{D(AV)} = I_{O(AV)} / 2 = \frac{0.45 U_2}{R_L} \qquad (6\text{-}2\text{-}9)$$

(5)二极管所承受的最大反向电压 U_{Dmax}：

$$U_{Dmax} = \sqrt{2}U_2 \qquad\qquad (6\text{-}2\text{-}10)$$

三、滤波电路

整流电路的输出电压虽然是单方向的直流,但还是包含了很多脉动成分(交流分量),不能直接用作电子电路的直流电源。利用电容和电感对直流分量和交流分量呈现出不同的电抗的特点,可以滤除整流电路输出电压的交流成分,保留其直流成分,使其变成比较平滑的电压、电流波形。常用的滤波电路有电容滤波、电感滤波等。

(一)电容滤波器

电容滤波器的电路结构是在整流电路的输出端与负载电阻并联一个足够大的电容器,如图 6-8 所示。利用电容上电压不能突变的原理进行滤波。

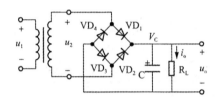

图 6-8　桥式整流电容滤波电路

1. 电容滤波器的工作原理

若 u_2 处于正半周,二极管 VD_1、VD_3 导通,变压器次端电压 u_2 给电容器 C 充电。此时 C 相当于并联在 u_2 上,所以输出波形同 u_2,是正弦波。

当 u_2 到达 $\omega t = \pi/2$ 时,开始下降。先假设二极管关断,电容 C 就要以指数规律向负载 R_L 放电。指数放电起始点的放电速率很大。在刚过 $\omega t = \pi/2$ 时,正弦曲线下降的速率很慢。所以刚过 $\omega t = \pi/2$ 时二极管仍然导通。在超过 $\omega t = \pi/2$ 后的某个点,正弦曲线下降的速率越来越快,当刚超过指数曲线起始放电速率时,二极管关断。所以在 t_2 到 t_3 时刻,二极管导通,C 充电,$u_c = u_o$ 按正弦规律变化;t_1 到 t_2 时刻二极管关断,$u_c = u_o$。按指数曲线下降,放电时间常数为 $R_L C$。桥式整流电容滤波的波形如图 6-9 所示。

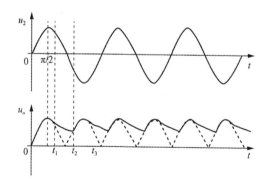

图 6-9 桥式整流电容滤波的波形

2.电容滤波电路参数的计算

电容滤波电路的计算比较麻烦,因为决定输出电压的因素较多。工程上有详细的曲线可供查阅,一般常采用以下近似估算法。

一种是用锯齿波近似表示,即

$$u_o = \sqrt{2}\,u_2\left(1 - \frac{T}{4R_{\mathrm{L}}C}\right)$$

另一种是在 $R_{\mathrm{L}}C = (3-5)\dfrac{T}{2}$ 的条件下,近似认为 $u_o = 1.2u_2$

3.外特性

整流滤波电路中,输出直流电压 u_o 随负载电流 I_o 的变化关系曲线如图 6-10 所示。

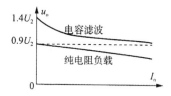

图 6-10　电容滤波外特性曲线

(二)电感滤波器

利用储能元件电感器 L 的电流不能突变的性质,把电感 L 与整流电路的负载 R_{L} 相串联,也可以起到滤波的作用。

桥式整流电感滤波电路和波形如图 6-11 所示。当 u_2 正半周时,VD_1、VD_3 导通,电感中的电流将滞后 u_2。当 u_2 负半周时,电感中的电流将经由 VD_2、VD_4 提供。因桥式电路的对称性和电感中电流的连续性,4 个二极管

VD_1、VD_3、VD_2、VD_4 的导电角都是 $180°$。

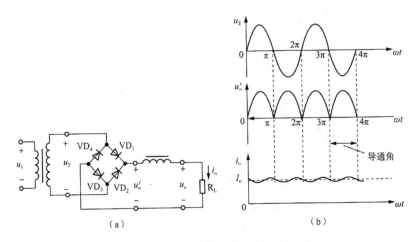

图 6-11　桥式整流电感滤波电路和波形

(a)电路　(b)波形

第三节　集成稳压器

随着集成电路的发展,稳压电路也制成了集成器件。它具有体积小、重量轻、使用方便、运行可靠、价格低等一系列优点,因而得到广泛的应用。目前集成稳压电源的规格种类繁多,具体电路结构也有差异,最常用的是三端集成稳压器,它有三个管脚,分别为输入端、输出端和接地端。

三端集成稳压器包括输出正电压的 W78XX 系列和输出负电压的 W79XX 系列。W78XX 系列,可提供最大 1.5 A 电流,输出电压有 5 V、6 V、9 V、12 V、15 V、18 V、24 V 等七种规格,其型号的后两位数字表示输出电压值。例如,W7805 表示输出电压为 5 V。同类产品有 W78MXX 系列和 W78LXX 系列,它们的输出电流分别为 0.5 A 和 0.1 A。

W79XX 系列稳压器是输入、输出为负电压的集成稳压器,它的额定输出电压及额定输出电流规格与 W78 系列相同。

三端集成稳压器的外形示意图如图 6-12 所示,需要注意的是 W79XX 系列的输入端(IN)、接地端(GND)的序号与 W78XX 系列是相反的。

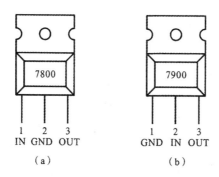

图 6-12　三端集成稳压器的外形示意图

（a）W78XX 系列外形图　（b）W79XX 系列外形图

三端集成稳压器的使用十分方便,只需按要求选定型号,再加上适当的散热片,就可接成稳压电路。下面列举说明具体应用电路的接法,以供使用时参考。

一、集成稳压器基本应用电路

集成稳压器基本应用电路如图 6-13 所示,输出为固定电压,电容 C_1 的作用是在输入引线较长时,抵消其电感效应,防止产生自激,其容量一般小于 $1\mu F$。C_2 用来减小高频干扰,其容量可以小于 $1\mu F$,也可以取几微法甚至几十微法,以便输出较大的脉冲电流。使用时应防止接地端开路,因为接地端开路时,其输出电位接近于不稳定的输入电位,有可能使负载过压而损坏。如果需产生负电压,改用 W79XX 系列即可。

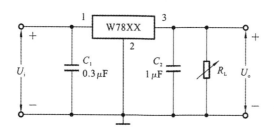

图 6-13　集成稳压器基本应用电路

二、扩大输出电流

W78XX、W79XX 系列集成稳压器最大输出电流为 1.5 A。当需要大于 1.5 A 的输出电流时,可采用外接功率管来扩大电流输出范围,其电路如图

6-14 所示。

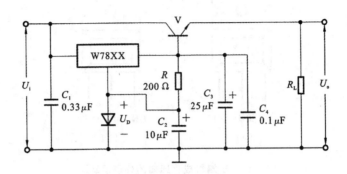

图 6-14　扩大输出电流的电路

设三端稳压器的输出电压为 U_{XX}，二极管的正向电压为 U_D，三极管 V 的发射结电压为 U_{BE}。图 6-14 所示电路的输出电压 $U_O = U_{XX} + U_D - U_{BE}$。在理想情况下，即 $U_D = U_{BE}$ 时，$U_O = U_{XX}$。可见，二极管用于消除 U_{BE} 对输出电压的影响。设三端稳压器的最大输出电流为 I_{omax}，流过电阻 R 的电流为 I_R，则晶体管的最大基极电流 $I_{Bmax} = I_{omax} - I_R$，因而负载电流的最大值为

$$I_{Lmax} = (1 + \beta)(I_{omax} - I_R) \tag{6-3-1}$$

由于功率管的 β 值至少数十倍，输出电流可以极大地扩展，但应注意，输出电流还受功率管极限参数 I_{CM}、P_{CM} 的制约，因此，实际能扩展的电流达不到式中(6-3-1)的计算值。

三、扩大输出电压

若所需电压大于稳压器组件的输出电压，可采用升压电路。如图 6-15 所示，R_1 上的电压为 W78XX 的标称输出电压 U_{XX}，根据分压公式，扩展后的输出电压为

$$U_O = U_{XX} + (I_Q + \frac{U_{XX}}{R_1})R_2 \tag{6-3-2}$$

式中：I_Q 为集成稳压器的静态工作电流，其值很小，可以忽略不计。因此

$$U_O = (1 + \frac{R_2}{R_1})U_{XX} \tag{6-3-3}$$

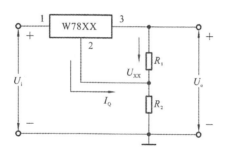

图 6-15 扩大输出电压的电路

只要将 R_2 换成可变电阻器即可实现对输出电压的任意调节。由于稳压器的公共端直接与取样电阻相连,当输出电流变化时,公共端电流 I_Q 也会存在波动,稳压器输出电压的稳定性变差。

实际电路常利用电压跟随器将稳压器与取样电阻隔离,如图 6-16 所示。由于集成运放 A 的输出电压与反向输入端电压相等,因此电路的输出电压计算公式与式(6.15)相同。

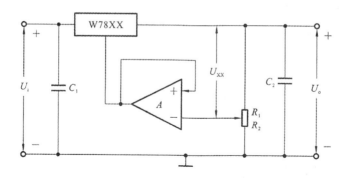

图 6-16 输出电压可调的电路

四、正、负输出的稳压电路

W78XX 系列与 W79XX 系列集成稳压器相互配合,可以得到正、负电压输出的稳压电路,如图 6-17 所示。图 6-17 中两根二极管起保护作用,正常工作时均处于截止状态。若 W79XX 的输入端未接入输入电压,W78XX 的输出电压将通过负载电阻接到 W79XX 的输出端,使 D_2 导通,从而将 W79XX 的输出端钳位在 0.7 V 左右,保护其不至于损坏;同理,D_1 可在 W78XX 的输入端未接入输入电压时保护其不至于损坏。

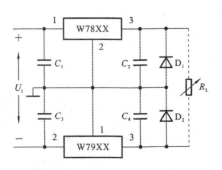

图 6-17　正、负输出的稳压电路

第四节　开关集成稳压电路

一、开关集成稳压电路的特点及类型

(一)开关集成稳压电路的特点

开关集成稳压电路的调整管工作在开关状态,依靠调节调整管导通时间实现稳压。由于调整管主要工作在截止和饱和两种状态之下,管耗很小,可以使稳压电源的效率明显提高,可达 $80\%\sim90\%$,而且几乎不受输入电压的影响,即开关集成稳压电源有很宽的稳压范围。由于效率高,使得电源体积小、质量小。开关集成稳压电源的主要缺点是输出电压中含有较大的波纹。但由于开关集成稳压电源优点显著,故发展非常迅速,使用也越来越广泛,尤其适用于大功率且负载固定,输出电压调节范围不大的场合。

(二)开关集成稳压电路类型

开关集成稳压电路种类较多,可以按不同的方式来分类。如按调整管与负载连接方式可分为串联型和并联型;按控制方式可分为脉冲宽度调制型(PWM)、脉冲频率调制型(PFM)和混合调制型,其中脉冲宽度调制型用得较多。本节以串联型脉冲宽度调制型开关集成稳压电源为例,讨论开关集成稳压电源的组成及工作原理。

二、开关集成稳压电路的基本工作原理

图 6-18 所示为串联型脉冲宽度调制型开关集成稳压电路的组成框图。其中 VT_1 为开关调制管,它与负载 R_L 串联,VD_2 为续流二极管,L、C 构成滤波电路;R_1 和 R_2 组成取样电路,控制电路用来产生开关调制管的控制脉冲,其周

期 T 保持不变,但脉冲宽度 t_{on} 受来自取样电路误差信号的调制。

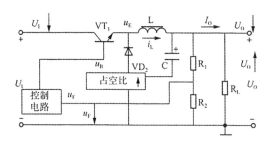

图 6-18　串联型脉冲宽度调制型开关集成稳压电路组成框图

控制脉冲 u_B 为高电平期间,调制管 VT_1 饱和导通,若忽略饱和压降,则 $u_E = U_1$,二极管 VD_2 承受反向电压而截止,u_E 经电感 L 向负载供电,同时对电容 C 充电。由于电感 L 的自感电动势的作用,i_L 随时间线性增长,L 存储能量;控制脉冲 u_B 为低电平期间,调制管 VT_1 截止,$u_E \approx 0$。由于通过电感 L 中的电流不能突变,在其两端产生相反的感应电动势,使 VD_2 导通,于是电感 L 中存储的能量经 VD_2,向负载供电,i_L 经 R_L 和 VD_2 继续流通,所以将 VD_2 称为续流二极管。这时 i_L 随时间线性下降,而后 C 向负载供电,以维持负载所需电流。由此可见,虽然调整管工作在开关状态,但由于续流二极管的作用以及 L、C 的滤波作用,稳压电路可以输出平滑的直流电压。

根据上述讨论可以画出开关集成稳压电源的电压、电流波形如图 6-19 所示。其中 t_{on} 表示调整管 VT_1 的导通时间,t_{off} 表示调整管的截止时间,$t_{on} + t_{off}$ 表示控制信号的周期 T,即为调整管导通、截止的转换周期。显然,当忽略电感 L 的直流压降、调整管的饱和压降和二极管的导通压降时,开关集成稳压电源输出电压的平均值为

$$U_o = \frac{t_{on}}{t_{on} + t_{off}} U_1 = \frac{t_{on}}{T} U_1 = D U_1 \qquad (6\text{-}4\text{-}1)$$

式中,$D = \dfrac{t_{on}}{T}$ 称为脉冲波形的占空比。式(6-4-1)表明,当输入电压 U_1 一定时,输出电压 U_0 正比于脉冲占空比 D,调节 D 就可改变输出电压的大小。

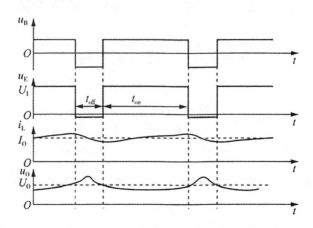

图 6-19　开关集成稳压电源的电压、电流波形

在闭环情况下,电路能根据输出电压的变化自动调节调制管的导通和关断时间,以维持输出电压的稳定。例如由于某种原因使输出电压 U_o 减小时,电路将自动产生如下的调整过程。

$$U_o \downarrow \rightarrow U_F \downarrow \rightarrow t_{on} \rightarrow D \uparrow \rightarrow U_o \uparrow$$

反之,当 U_o 上升时,t_{on} 减小,使 U_o 下降,从而实现了稳压的目的。

三、开关集成稳压器及其应用

这里以 CW1524/2524/3524、CW4960/4962 和 CW2575/2576 系列开关集成稳压器为例,介绍开关集成稳压器的结构特点及其应用。

(一)CW1524/2524/3524

CW1524 系列是采用双极性工艺制作的模拟、数字混合集成电路,它是典型的性能优良的开关电源控制器,其内部电路包括基准电压源、误差放大器、振荡器、脉宽调制器、触发器。CW1524/2524/3524 的区别在于工作结温不同(CW1524 工作结温为 $-55 \sim +150\,℃$,CW2524/3524 工作结温为 $-25 \sim 150\,℃/0 \sim 125\,℃$),其最大输入电压为 40V,最高工作频率为 100 kHz,内部基准电压为 5 V,能承受的负载电流为 50mA,每路输出电流为 100 mA。CW1524 系列采用直插式 16 脚封装。引脚排列如图 6-20 所示,各脚的功能为:1、2 脚分别为误差放大器的反相和同相输入端,即 1 脚接取样电压,2 脚接基准电压;3 脚为振荡器输出端,可输出方波电压;6、7 脚分别为振荡器外接定时电阻 R_T 端和定时电容 C_T 端。振荡频率 $f_0 = 1.15/(C_T R_T)$,一般 $R_T = 1.8 \sim 100k\Omega$,$C_T = 0.01 \sim 0.1\mathrm{M}f$;4、5 脚为外接限流取样端;8 脚是接地端;9 脚是补偿端;10 脚为关闭控制端,控制 10 脚电位可以控制脉冲宽度调制器的输出,直至使输出电压为零;11、12 脚分别为输出管 A 的发射极和集电极;13、14 脚分别是输出管 B 的集电极和发射极。输出管 A 和 B 内均设限流保护电路,峰值电流限制在约 100 mA;15 脚是输入电压端;16 脚是基准电压端,可提供电流 50 mA、电压为 5 V 的稳定基准电压源,该电源具有短路电流保护。

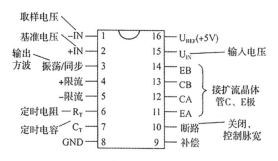

图 6-20　CW1524 系列引脚排列

图 6-21 所示为采用 CW1524 构成的开关集成稳压电源实例,通过外接开关调整管 VT_1、VT_2,可实现扩流。12 脚和 13 脚、11 脚和 14 脚连接在一起,将芯片内输出管 A 和 B 并联作为外接复合调整管 VT_1、VT_2 的驱动级。6、7 脚分别接入 R_3 和 C_2,故振荡器的振荡频率 $f_0 = 1.15/(3 \times 10^3\Omega \times 0.02 \times 10^{-6}F) = 19.2\text{kHz}$。由 16 脚输出的 5V 基准电压经 R_3、R_4 的分压得 $U_{R_4} = 5V \times R_4/(R_3 + R_4) = 2.5V$,送到误差放大器的同相输入端 2 脚。稳压电源的输出电压 U_0 经取样电路 R_1、R_2 的分压,获得 $U_f = U_0 R_2/(R_1 + R_2)$,送到误差放大器反相输入端 1 脚。根据 $U_f = U_{REF}$,则可求得输出电压 U_0 为

$$U_{R_4} = 5V(1 + \frac{R_1}{R_2}) \frac{R_4}{R_3 + R_4} = 5V$$

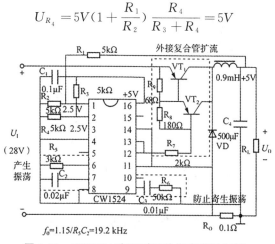

图 6-21　CW1524 降压型开关集成稳压电源

4 脚与 5 脚之间外接电阻 R 为限流保护取样电阻,以防止 VT_1、VT_2 管过载损坏,其阻值决定于芯片内所需限流信号电压(为 0.1 V)与限定最大输出电流的比值,本电源要求输出最大电流为 1 A,所以 $R_0 = 0.1\Omega$。9 脚外接 R_6、C_3 用于防止电路产生寄生振荡。输入电压 28 V 由 15 脚接入。该电路为串联型开关集成稳压电路,其稳压原理上文已叙述。

(二)CW4960/4962

CW4960/4962 已将开关功率管集成在芯片内部的单片集成开关集成稳压器,所以构成电路时只需少量外围元件。最大输入电压 50 V,输出电压范围为 5.1～40 V 连续可调,变换效率为 90%。脉冲占空比也可以在 0～100% 内调整。该器件具有慢启动、过流、过热保护功能,工作频率高达 100 kHz。CW4960 额定输出电流为 2.5 A,过流保护电流为 3～4.5 A,用很小的散热片,它采用单列 7 脚封装形式,如图 6-22(a)所示。CW4962 额定输出电流为 1.5 A,过流保护电流为 2.5～3.5 A,不用散热片,它采用双列直插式 16 脚封装,如图 6-22(b)所示。

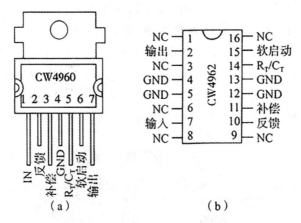

图 6-22 CW4960/4962 引脚图

(a)CW4960   (b)CW4962

CW4960/4962 内部电路完全相同,主要由基准电压源、误差放大器、脉冲宽度调制器、功率开关管以及软启动电路、输出过流限制电路、芯片过热保护电路等组成。CW4960/4962 的典型应用电路如图 6-23 所示(有括号的为 CW4960 的引脚标号),它为串联型开关集成稳压电路,输入端所接电容 C_1 可以减小输出电压的波纹,R_1、R_2 为取样电阻,输出电压为

$$U_0 = 5.1 \frac{R_1 + R_2}{R_2} \qquad\qquad (6\text{-}4\text{-}2)$$

R_1、R_2 的取值范围为 $500 \sim 10 \text{ k}\Omega$。

$R_T C_T$ 用以决定开关电源的工作频率 $f = 1/(R_T C_T)$。一般 $R_T = 1 \sim 27 k\Omega$，$C_T = 1 \sim 3.3 nF$，图 6-23 电路的工作频率为 100 kHz，R_P、C_P 为频率补偿电路，用以防止产生寄生振荡，VD 为续流二极管，采用 4A/50V 的肖特基或快恢复二极管，C_3 为软启动电容，一般 $C_3 = 1 \sim 4.7 \mu F$。

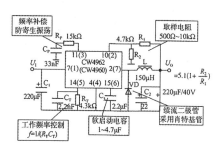

图 6-23　CW4960/4962 **典型应用电路**

(三)CW2575/2576

CW2575/2576 是串联开关集成稳压器，输出电压分为固定 3 V、5 V、12 V、15 V 和可调 5 种，由型号的后缀两位数字标称。CW2575 的额定输出电流为 1 A，CW2576 的额定输出电流为 3 A。两种系列芯片内部结构相同，除含有开关调整管的控制电路外，还含有调整管、启动电路、输入欠压锁定控制和保护电路等，固定输出稳压器还含有取样电路。

CW2575/2576 集成稳压器的特点是：外部元件少，使用方便；振荡器的频率固定在 52 kHz，因而滤波电容不大，滤波电路体积小；占空比 D 可达 98%，从而使电压和电流调整率更理想；转换效率可达 75% ~ 88%，且一般不需要散热器。

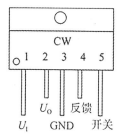

图 6-24　CW2575/2576 **外形及引脚排列**

CW2575/2576 单列直插式塑料封装的外形及引脚排列如图 6-24 所示,两种系列芯片的引脚含义相同。其中,3 脚在稳压器正常工作时应接地,它可由 TTL 高电平关闭而处于低功耗备用状态。2 脚一般与应用电路的输出相连,在可调输出时与取样电路相连,此引脚提供的参考电压为 1.23 V。芯片工作时要求输出电压不得超过输入电压。两种系列芯片的应用电路相同,现以 CW2575 为例加以说明。图 6-25(a)所示为 CW2575 固定输出典型应用电路,由芯片型号可知:

$$U_0 = 5V$$

图 6-25(b)所示为 CW2575 可调输出典型应用电路,其输出电压决定了取样电路基准电压,即

$$U_0 = \left(1 + \frac{R_1}{R_2}\right)U_{REF}$$

式中,$U_{REF} = 1.23V$。所以图 6-25(b)输出电压 $U_0 = (1+7.15)\times 1.23V = 10V$。

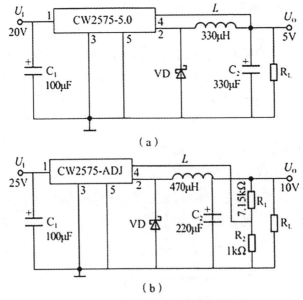

图 6-25 CW2575 典型应用电路

(a)固定输出 (b)可调输出

因芯片的工作频率较高,上述两电路中的续流二极管最好选用肖特基二极管。为了保证直流电源工作的稳定性,电路的输入端必须加一个至少为 $100\mu F$ 的旁路电解电容 C_1。

第七章

模拟电子技术的实践

第一节　变频门铃

一、简要说明

门铃是日常生活与工作中经常用到的家用小电器,根据不同的需求,门铃的功能和外观设计成多种多样。如果门铃的响声一成不变,会让人感觉枯燥乏味。因此,设计一个声音悦耳的门铃电路,是具有一定的实用价值。设计一个门铃声音随响铃时间变化而变化的变频门铃,可以让人们带着愉悦的心情去开门。

二、设计任务和要求

(1)门铃能够发出两种频率的声音 f_1 和 f_2。

(2)可以调节门铃的响铃时间和不同频率响铃之间的时间间隔。

(3)门铃的功率要求 $P \geqslant 0.5W$ 和 8Ω 的扬声器。

三、设计原理框图

变频门铃电路原理框图如图7-1所示,系统主要由隔离延时控制电路、正弦发生电路、功率输出电路和扬声器组成。

图 7-1　数控直流稳压电源原理框图

125

隔离与延时电路是本设计的核心,其主要作用是控制门铃的响铃时间、不同频率响声间隔时间和切换时间,由它控制正弦信号发生电路产生合适频率的信号,并将该信号输入到功率放大电路中,并由此驱动扬声器发声。

四、调试要求

(1)画出系统电路图并仿真实现。

(2)按照电路连接元器件,认真检查电路是否正确,注意元器件的引脚功能。

(3)对隔离与延时控制电路进行调试,针对不同的延时时间观察其输出信号的变化,再通过示波器观察正弦信号发生电路的功能。

(4)系统联调,检查扬声器发声频率的变化情况。

五、总结报告

(1)总结电路整体设计、安装与调试过程。要求有电路图、原理说明、电路所需元件清单、电路参数计算、元件选择和测试结果分析。

(2)分析安装、调试中发现的问题及故障排除的方法。

(3)总结实验心得和设计建议。

第二节　计数器

一、实验目的

(1)掌握由集成触发器构成的二进制计数电路的工作原理。

(2)掌握中规模集成计数器的使用方法。

(3)学习运用上述组件设计简单计数器的技能。

二、实验设备与器件

(1)数字电子技术实验装置一台。

(2)共阴极数码显示管一个。

(3)元器件:二-五-十进制计数器74LS90两片、BCD-7段码译码器74LS248一片、与非门74LSOO一片。

三、实验原理

计数是最基本的逻辑运算,计数器不仅用来计算输入脉冲的数目,而且还用作定时电路、分频电路和实现数字运算等,因而它是一种十分重要的时序电路。

计数器的种类很多,按计数的数制,可分为二进制、十进制及任意进制。按工作方式可分为异步和同步计数器两种。按计数的顺序又可分为加法(正向)、减法(反向)和加减(可逆)计数器。

计数器通常从零开始计数,所以应该具有清零功能。有些集成计数器还有置数功能,可以从任意数开始计数。

(一)异步二进制加法计数器

用 D 触发器或 JK 触发器可以构成异步二进制加法计数器。图 7-2 所示是用四个 D 触发器构成的二进制加法计数器。其中每个 D 触发器作为二分频器。在 RD 作用下计数器清零。当第一个 CP 脉冲上升沿到来时,Q_0 由 0 变成 1,当第二个 CP 脉冲到来后,Q_0 由 1 变成 0,这又使得 Q_1 由 0 变成 1,依此类推,实现二进制计数。

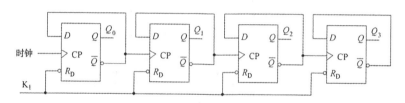

图 7-2　异步二进制加法计数器

(二)十进制集成计数电路 74LS90

74LS90 是异步二-五-十进制计数器。其管脚图如图 7-3 所示,它的内部有两个计数电路:一个为二进制计数电路,计数脉冲输入端为 CP_1,输出端为 Q_A;另一个为五进制计数电路,计数脉冲输入端为 CP_2,输出端为 Q_B、Q_C、Q_D。这两个计数器可独立使用。当将 Q_A 连到 CP_2 时,可构成十进制计数器。

74LS90 的功能见表 7-1,它具有复"0"输入端 R_{9A} 和 R_{9B},并有复"9"输入端 R_{9A} 和 R_{9B}。当输入端 R_{0A} 和 R_{0B} 皆为高电平时,计数器复"0";R_{9A} 和 R_{9B} 皆为高电平时,计数器复"9"。计数时 R_{0A} 和 R_{0B} 其中之一或者两者同时接低电平,并要求 R_{9A} 和 R_{9B} 其中之一或者同时接低电平。

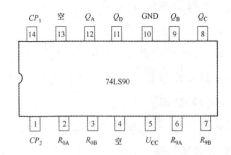

图 7-3　74LS90 引脚排列图

表 7-1　74LS90 功能表

输入					输出				
R_{0A}	R_{0B}	R_{9A}	R_{9B}	CP	Q_D	Q_C		Q_B	Q_A
1	1	0	$\times$	$\times$	0	0		0	0
1	1	$\times$	0	$\times$	0	0		0	0
0	$\times$	1	1	$\times$	1	0		0	1
$\times$	0	1	1	$\times$	1	0		0	1
$\times$	0	$\times$	0	$\downarrow$		计数			
0	$\times$	0	$\times$	$\downarrow$		计数			
0	$\times$	$\times$	0	$\downarrow$		计数			
$\times$	0	0	$\times$	$\downarrow$		计数			

(三)实现任意进制计数

用异步二-五-十进制计数器 74LS90 和与门电路可实现 N 进制计数器。如利用 R_{0A}、R_{0B} 端作为反馈置数控制端设计 N 进制计数器,可按以下步骤进行:

(1)写出 N 进制 S_N 的二进制代码;

(2)写出反馈置数(或复 0)函数;

(3)画出相应连线图。

四、实验内容及步骤

(1)按图 7-2 所示,利用两片 74LS74 接成四位二进制计数器,输出端接发光二极管,由时钟端逐个输入单次脉冲,观察并记录 Q_3、Q_2、Q_1 和 Q_0 的输出状态,验证二进制计数功能。从 CP 端输入 1kHz 的连续脉冲,并用示波器观察各级的波形。

(2)按图 7-4(a)所示,用 74LS90 接成二进制计数器,由 CP_1 逐个输入单次脉冲,观察输出状态并记录,验证其二进制计数功能。

(3)按图 7-4(b)所示,接成五进制计数器,由 CP_2 逐个输入单次脉冲,观察输出状态并记录,验证其五进制计数功能。

(4)按图 7-4(c)所示,接成 8421 码十进制计数器,由 CP_1 输入单次脉冲,观察并记录输出状态,验证其十进制计数功能。

(5)按图 7-4(d)所示,接成 5421 码十进制计数器,由 CP_2 输入单次脉冲,观察并记录输出状态,验证其计数功能。

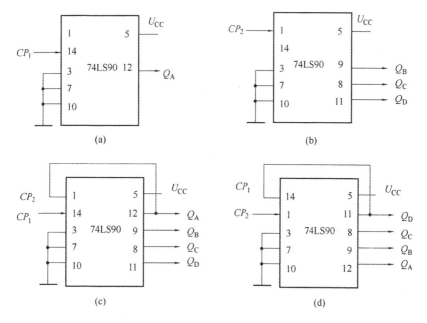

图 7-4　用 74LS90 构成不同进制计数器

(a)二进制　(b)五进制　(c)8421 码十进制　(d)5421 码十进制

(6)按图 7-5 所示将计数器 74LS90、译码器 74LS248 和数码显示器连起来,由 CP_1 输入单次脉冲,观察一位数码管显示器的计数显示功能(共阴数码显示管左上方标有 CK,共阳左上方标有 CA)。

(7)用 74LS90 和与非门设计一个 60 进制计数器,并验证其功能。

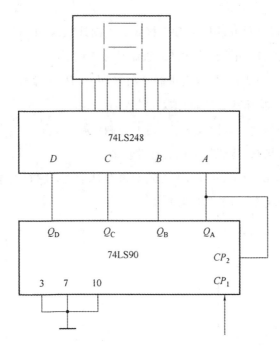

图 7-5 计数、译码、显示综合实验

五、实验报告要求

(1)整理实验数据,画出要求的状态图。

(2)整理实验所得的 8421 码计数真值表,画出 CP_1、Q_A、Q_B、Q_C、Q_D 各点对应波形。

(3)画出所设计的 60 进制计数器的逻辑电路图。

第三节 智力竞赛抢答器

一、简要说明

智力竞赛抢答器具有抢答、计时、显示等功能,在各种知识竞赛中得到广泛的应用。本课题利用数字电路和模拟电路设计——智能竞赛抢答器,能够实现抢答、抢答计时、答题倒计时、抢答显示等基本功能。

二、设计任务和要求

(1)设计 4 路抢答器,具有系统清零和抢答控制功能。

（2）能够显示和锁存抢答者序号，期间禁止其他选手抢答。

（3）定时抢答功能：主持人预置抢答时间，控制比赛开始和结束。当抢答开始后，如果在规定的时间（一般设置为 60 s）内无人抢答，扬声器发出声响，定时器显示为零；如果在规定时间内有人抢答成功，扬声器发出声响，显示抢答者序号以及剩余答题时间。

（4）报警电路：主持人按下"开始"键时报警并进入抢答状态，当抢答者发出抢答信号时报警提示，在规定抢答终止时间内截止时报警。

三、设计原理框图

抢答器原理框图如图 7-6 所示。电路由振荡电路、定时电路、控制电路、编码电路、锁存电路、译码显示电路和报警电路组成。

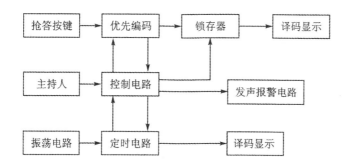

图 7-6　抢答器原理框图

接通电源后，主持人将系统清零，抢答器处于禁止状态，显示器灭灯，定时器显示设定时间。当主持人通过控制开关发出抢答信号时，定时器倒计时，扬声器发出声响提示抢答开始。当有选手抢答时，抢答选手序号被锁存并显示，同时阻止其他选手抢答。如果在规定时间内无人抢答，报警电路将提示本次抢答无效。

四、调试要求

（1）画出系统电路图并仿真实现。

（2）按照电路连接元器件，认真检查电路是否正确，注意元器件的引脚功能。

（3）单元电路检测，观察控制电路对于编码电路、定时（减法）电路、锁存电路的控制作用。

（4）系统联调，观察选手抢答、定时显示和抢答显示等结果是否满足要求。

五、总结报告

(1)总结电路整体设计、安装与调试过程。要求有电路图、原理说明、电路所需元件清单、电路参数计算、元件选择和测试结果分析。

(2)分析安装、调试中发现的问题及故障排除的方法。

(3)总结实验心得和设计建议。

第四节　数据选择器

一、实验目的

(1)掌握中规模集成数据选择器的逻辑功能及其使用方法。

(2)掌握用数据选择器构成组合逻辑电路的方法。

二、实验设备与器件

(1)数字电子技术实验装置一台。

(2)元器件:74LS04、74LS151、74LS153 各一片。

三、实验原理

数据选择器又称为多路开关,它在地址码(或称选择控制)电位的控制下,从几个数据输入中选择一个并将其送到一个公共的输出端。数据选择器的功能类似于一个多掷开关,如图 7-7 所示,图中有四路数据 $D_0 \sim D_3$,通过选择控制信号 A_1、A_0(地址码)从四路数据中选中某一路数据送至输出端 Q。

数据选择器是当前逻辑设计领域应用十分广泛的逻辑部件,它有 2 选 1、4 选 1、8 选 1、16 选 1 等类别。数据选择器的电路结构一般由与或门阵列组成,也有用传输门开关和门电路混合而成的。

(一)8 选 1 数据选择器 74LS151

8 选 1 数据选择器 74LS151 的引脚排列如图 7-8 所示,功能如表 7-2 所示。选择控制端(地址端)为 $A_2 \sim A_0$,按二进制译码,从 8 个输入数据 $D_0 \sim D_7$ 中,选择一个需要的数据送到输出端 Q,$\overline{S}$ 为使能端,低电平有效。

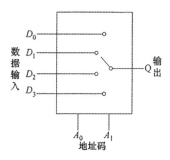

图 7-7　数据选择器示意图

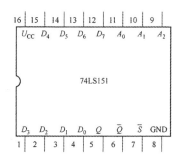

图 7-8　数据选择器引脚排列图

(1)使能端 $S=1$ 时,不论 $A_2 \sim A_0$ 状态如何,均无输出,多路开关被禁止。

(2)使能端 $\overline{S}=0$ 时,多路开关正常工作,根据地址码 A_2、A_1、A_0 的状态,选择 $D_0 \sim D_7$ 中某一个通道数据输送到输出端 Q。

如 $A_2A_1A_0=000$,则输送 D_0 数据到输出端,即 $Q=D_0$;

如 $A_2A_1A_0=001$,则输送 D_1 数据到输出端,即 $Q=D_1$。

其余类推。

表 7-2　74LS151 功能表

输入				输出
$\overline{S}$	A_2	A_1	A_0	Q
1	$\times$	$\times$	$\times$	0
0	0	0	0	D_0
0	0	0	1	D_1
0	0	1	0	D_2
0	0	1	1	D_3

（续表）

输入				输出
0	1	0	0	D_4
0	1	0	1	D_5
0	1	1	0	D_6
0	1	1	1	D_7

（二）双 4 选 1 数据选择器 74LS153

所谓双 4 选 1 数据选择器就是在一块集成芯片上有两个 4 选 1 数据选择器，引脚排列如图 7-9 所示，功能如表 7-3 所示。

表 7-3 74LS153 功能表

输入			输出
$\overline{S}$	A_1	A_0	Q
1	×	×	0
0	0	0	D_0
0	0	1	D_1
0	1	0	D_2
0	1	1	D_3

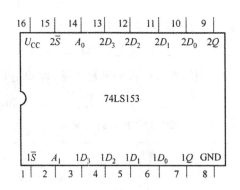

图 7-9 74LS153 引脚排列图

$\overline{1S}$、$\overline{2S}$ 为两个独立的使能端；A_1、A_0 为公用的地址输入端；$1D_0 \sim 1D_3$ 和 $2D_0 \sim 2D_3$ 分别为两个 4 选 1 数据选择器的数据输入端，1Q、2Q 为两个输出端。

（1）当使能端 $\overline{1S}(\overline{2S})=1$ 时，多路开关被禁止，无输出，$Q=0$。

(2)当使能端 $\overline{1S(2S)}=0$ 时,多路开关正常工作,根据地址码 A_1、A_0 的状态,将数据 $D_0 \sim D_3$ 中的一个输送到输出端 Q。

如 $A_1A_0=00$,则输送 D_0 数据到输出端,即 $Q=D_0$；

如 $A_1A_0=01$,则输送 D_0 数据到输出端,即 $Q=D_1$。

其余类推。

四、实验内容

(1)测试数据选择器 74LS151 的逻辑功能。按图 7-10 所示接线,地址端 A_2、A_1、A_0、数据端 $D_0 \sim D_7$、使能端 $\overline{S}$ 接逻辑电平开关,输出端 Q 接逻辑电平显示器,按 74LS151 功能表 7-2 逐项进行测试,记录测试结果。

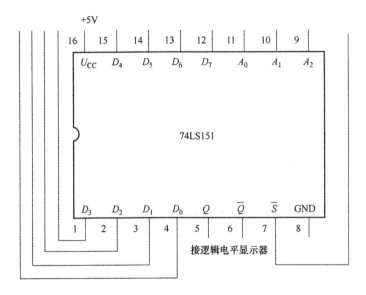

图 7-10　74LS151 逻辑功能测试

(2)测试数据选择器 74LS153 的逻辑功能,测试方法及步骤同上,并记录。

(3)用 8 选 1 数据选择器 74LS151 设计三人无弃权表决电路:①写出设计过程;②画出接线图;③验证逻辑功能。

(4)用 8 选 1 数据选择器 74LSI51 设计四人无弃权表决电路:①写出设计过程;②画出接线图;③验证逻辑功能。

(5)交通灯用 A(红)、B(黄)、C(绿)表示,亮为 1,灭为 0。只有当其中一只亮时为正常 $Y=0$,其余状态均为故障 $Y=l$。用 74LS151 的 8 选 1 数据选择器实现该交通灯电路。(选做)①写出设计过程;②画出接线图;③验证逻辑功能。

(6)有一密码电子锁,锁上有四个锁孔 A、B、C、D,按下为 1,否则为零,当按下 A 和 B、或 A 和 D、或 B 和 D 时,再插入钥匙,锁即打开。若按错了键孔,当插入钥匙时锁打不开,并发出报警信号,有警为1,无警为0。请用8选1数据选择器74LS151实现该电路。(选做)①写出设计过程;②画出接线图;③验证逻辑功能。

(7)用双 4 选 1 数据选择器74LS153实现一位全加器。①写出设计过程;②画出接线图;③验证逻辑功能。

五、实验报告

用数据选择器对实验内容进行设计,写出设计全过程,画出接线图,进行逻辑功能测试;总结实验收获、体会。

第五节　八音阶电子琴

一、触摸开关制作

用三极管、发光二极管、电阻制作一个简单触摸开关。

(一)二极管——D(diode)

1.PN 结及其单向导电性

(1)基本概念:①本征半导体:纯净的半导体。如硅、锗单晶体。②本征激发:在室温或光照下,价电子获得足够能量,摆脱共价键的束缚成为自由电子,并在共价键中留下一个空位(空穴)的过程。③载流子:自由运动的带电粒子。包括自由电子(带负电)和空穴(带正电)。电子空穴成对出现,数量少、与温度有关。④N 型半导体:在本征半导体硅或锗中掺入微量五价元素,如磷、砷(杂质)所构成。⑤P 型半导体:在本征半导体硅或锗中掺入微量三价元素,如棚、铟(杂质)所构成。

(2)PN 结的形成:①载流子的浓度差引起多子的扩散。②交界面形成空间电荷区(PN 结),建立内电场。③扩散和漂移达到动态平衡,形成 PN 结。

(3)PN 结的单向导电性:①外加正向电压(正向偏置)(P+、N-)。②外加反向电压(反向偏置)(P-、N+)。

2.半导体二极管的构成和类型

(1)构成:PN 结+引线+管壳=二极管(Diode)

(2)符号:阳(正)极;阴(负)极。

(3)分类:①按材料分:硅二极管;锗二极管。②按用途分:整流二极管;普通二极管;稳压二极管;开关二极管。③按结构工艺分:面接触型;平面型;点接触型。

3.半导体二极管的测试

(1)目测判别极性(图7-11)。

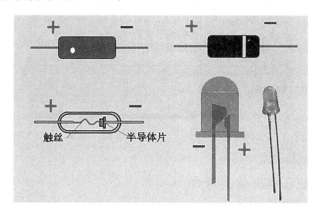

图 7-11　目测判别极性

(2)用万用表检测二极管。

用指针式万用表检测二极管如图7-12所示。红表笔是(表内电源)负极,黑表笔是(表内电源)正极。在 $R \times 100$ 或 $R \times 1k$ 挡测量。反向电阻各测量一次,测量时手不要接触引脚。一般硅管正向电阻为几千欧,锗管正向电阻为几百欧;反向电阻为几百千欧。正反向电阻相差不大为劣质管。正反向电阻都是无穷大或零则二极管内部为断路或短路。

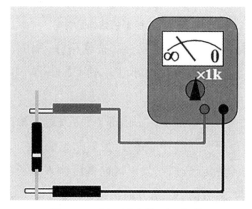

图 7-12　用万用表检测二极管

（3）用数字式万用表检测二极管如图 7-13 所示。

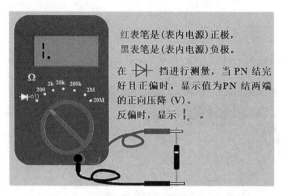

红表笔是(表内电源)正极，黑表笔是(表内电源)负极。

在 ⊣▷⊢ 挡进行测量，当 PN 结完好且正偏时，显示值为PN 结两端的正向压降 (V)。

反偏时，显示 ⌐。

图 7-13　用数字式万用表检测二极管

(二)三极管

1.三极管结构及放大原理

（1）结构及符号如图 7-14 所示。

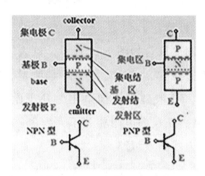

图 7-14　三极管的结构及符号

（2）分类：①按材料分：硅管、锗管。②按结构分：NPN、PNP。③按使用频率分：低频管、高频管。④按功率分：小功率管＜500mW、中功率管 0.5～1W、大功率管＞1W。

（3）BJT 处于放大状态的条件。①内部条件：发射区掺杂浓度高、基区薄且掺杂浓度低、集电结面积大。②外部条件：发射结正偏、集电结反偏。

（4）BJT 的载流子的传输过程：发射区向基区注入多子电子，形成发射极电流。电子到达基区后，多数向 BC 结方向扩散，少数与空穴复合。集电区收集扩散过来的载流子形成集电极电流。

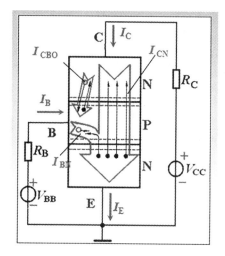

7-15　BJT 的载流子的传输过程

2. 三极管的识别和检测

(1)三极管极性的判别:①目测判别极性。②用数字万用表判别极性。

(2)三极管性能的检测:①用万用表的 h_{FE} 挡检测 β 值。②用晶体管图示仪或直流参数测试表检测。

二、功率放大器

(一)功率放大器的类型

1. 功率放大器的性能要求

(1)输出功率足够大:为获得足够大的输出功率,功放管的电压和电流变化范围应很大。

(2)效率要高:功率放大器的效率是指负载上得到的信号功率与电源供给的直流功率之比。

(3)非线性失真要小:功率放大器是在大信号状态下工作,电压、电流摆动幅度很大,极易超出管子特性曲线的线性范围而进入非线性区,造成输出波形的非线性失真,因此,功率放大器比小信号的电压放大器的非线性失真问题严重。

2.功率放大器的分类

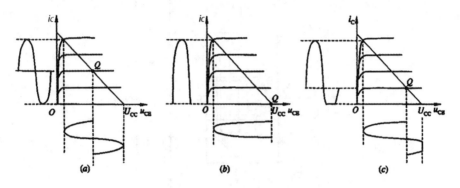

图 7-16　功率放大器的分类

（a）甲类；（b）乙类；（c）甲乙类

甲类：$\eta < 50\%$

乙类：$\eta > 75\%$

丙类：$\eta > 85\%$

（1）甲类功率放大器。

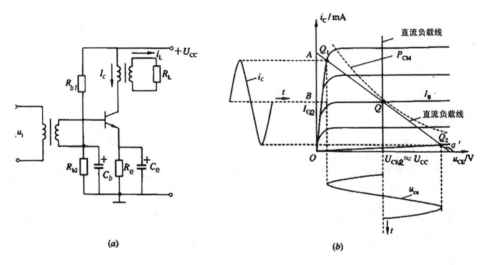

图 7-17　$R_{b1} = R_{b2} = 10k, R_e = 3k, V - 3DG12$

甲类(A 类)功放:放大器的工作点设定在负载线的中点附近,晶体管在输入信号的整个周期内均导通。由于放大器工作在特性曲线的线性范围内,所以瞬态失真和交替失真较小。电路简单,调试方便。但效率较低,晶体管功耗大,功率的理论最大值仅有 50%,且在一般情况下,音量越小,耗电越多。有较大的非线性失真。

为了消除这种非线性失真,所以很多音乐发烧友采用电子管来做这个功放管,这种采用电子管的功率放大器俗称"胆机"。这种功放失真小。

(2)互补对称功率放大器。

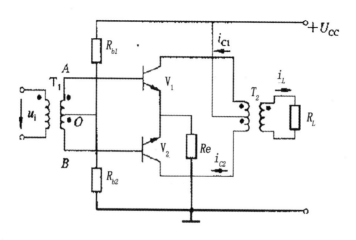

图 7-18　推挽功率放大器

输入变压器 T_1 副边设有中心抽头,以保证输入信号对称地输入,使 V_1 和 V_2 两管的基极信号大小相等、相位相反。

输出变压器 T_2 的原边亦设有中心抽头,以分别将 V_1 和 V_2 的集电极电流耦合到 T_2 的副边,向负载输出功率。

两个功放管 V_1、V_2 工作在甲乙类放大状态下,静态工作点靠近截止区,因而静态电流 I_{C1}、I_{C2} 很小,可近似为零。

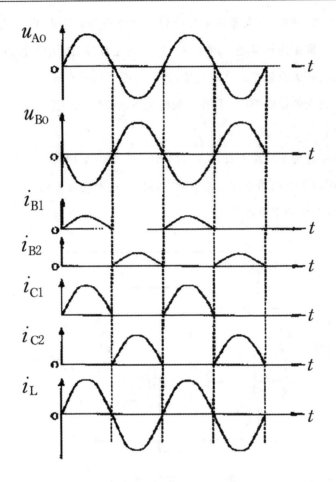

图 7-19　推挽功率放大器的电压和电流波形图

当有正弦信号 u_i 输入时，通过 T_1 的耦合，在 T_1 的原边感应出大小相等、极性相反（对中心抽头而言）的信号，分别加在 V_1 与 V_2 的输入回路中。

在 u_i 的正半周，即 $u_{AO} > 0$、$u_{BO} < 0$，V_1 工作、V_2 截止；在 u_i 的负半周，即 $u_{AO} < 0$、$u_{BO} > 0$，V_2 工作、V_1 截止。

在一个信号周期内，V_1、V_2 轮流导通、交替工作，两管集电极电流 i_{C1}、i_{C2} 按相反方向交替流过 T_2，并向负载输出。由于电路对称，i_{C1} 与 i_{C2} 大小相等流向相反，它们在副边回路中轮流产生正、负半个周期的正弦信号，这样，在负载上就可得到一个完整的正弦波信号。其各主要电压和电流波形见图 7-19。

无输出电压（OCL）如图 7-20 所示。

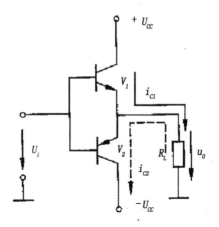

图 7-20　基本互补对称电路

图 7-20 所示基本互补对称功率放大器,利用 V_1、V_2 分别在 u_i 正负半周轮流导通,这种电路称为乙类功放,需要正、负两个电源,简称为 *OCL* 电路(英文 *Output Capacitorless* 的缩写,意即无输出电容)。

无输出变压器(OTL)如图 7-21 所示。

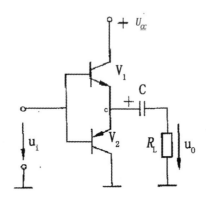

图 7-21　单电源互补对称功率放大器

实际电路中,如收音机、扩音机中,为了简化,常采用单电源供电。图 7-21 所示单电源供电的互补对称功率放大器。这种形式的电路无输出变压器,而有输出耦合电容,简称为 OTL 电路(英文 Output Transformerless 的缩写,意即无输出变压器)。

图 7-21 电路中,V_1、V_2 工作于乙类状态。静态时因电路对称,$V_e = U_{cc}/2$,

负载中没有电流；动态时，在 U_i 正半周时，V_1 导通，V_2 截止，V_1 输出向负载 RL 提供电流 $i_O = i_{C1}$，使负载 RL 上得到正半周输出电压，同时对电容 C 充电。在 U_i 负半周时，V_1 截止，V_2 导通，电容 C 经 V_2 对 RL 放电，V_2 输出向 RL 提供电流 $i_O = i_{C2}$，在负载 RL 上得到负半周输出电压。电容器 C 在这时起到负电源的作用。为了使输出波形对称，即 i_{C1} 与 i_{C2} 大小相等，必须保持 C 上电压恒为 $U_{CC}/2$，也就是 C 在放电过程中其端电压不能下降过多，因此，C 的容量必须足够大

3. 集成功率放大器制作

TDA2030A 是音频功放电路，采用 V 型 5 脚单列直插式塑料封装结构。该集成电路广泛应用于汽车立体声收录音机、中功率音响设备，具有体积小、输出功率大、失真小等特点。并具有内部保护电路。意大利 SGS 公司、美国 RCA 公司、日本日立公司、NEC 公司等均有同类品生产，虽然其内部电路略有差异，但引出脚位置及功能均相同，可以互换。

TDA2030 极限参数如下：单位电源电压（Vs）±18V；差分输入电压（Vdi）±15V；峰值输出电流（Io）3.5A；耗散功率（Ptot）（Vdi）20W；工作结温（Tj）−40−＋150℃；存储结温（Tstg）−40−＋150℃。

集成功率放大器电路具有以下特点：

（1）外接元件非常少。

（2）输出功率大，Po＝18W（RL＝4Q）。

（3）采用超小型封装（TO-220），可提高组装密度。

（4）开机冲击极小。

（5）内含各种保护电路，因此工作安全可靠。主要保护电路有：短路保护、热保护、地线偶然开路、电源极性反接（Vsmax＝12V）以及负载泄放电压反冲等。

（6）TDA2030A 能在最低±6V、最高±22V 的电压下工作，在±19V、8Q 阻抗时能够输出 16W 的有效功率，THD≤0.1%。无疑，用它来做电脑有源音箱的功率放大部分或小型功放再合适不过了。

制作集成功率放大器时，有下列注意事项：

（1）TDA2030A 具有负载泄放电压反冲保护电路，如果电源电压峰值电压

为 40V,那么在 5 脚与电源之间必须插入 LC 滤波器,二极管限压(5 脚因为任何原因产生了高压,一般是喇叭的线圈电感作用,使电压等于电源的电压)以保证 5 脚上的脉冲串维持在规定的幅度内。

(2)热保护:限热保护有以下优点,能够容易承受输出的过载(甚至是长时间的),或者环境温度超过时均起保护作用。

(3)与普通电路相比较,散热片可以有更小的安全系数。万一结温超过时,也不会对器件有所损害,如果发生这种情况,Po＝(当然还有 Ptot)和 Io 就被减少。

(4)印刷电路板设计时必须较充分地考虑地线与输出的去耦,因为这些线路有大的电流通过。

(5)装配时散热片之间不需要绝缘,引线长度应尽可能短,焊接温度不得超过 260℃,12 秒。

(6)虽然 TDA2030A 所需的元件很少,但所选的元件必须是品质有保障的元件。

(二)功率放大器的制作

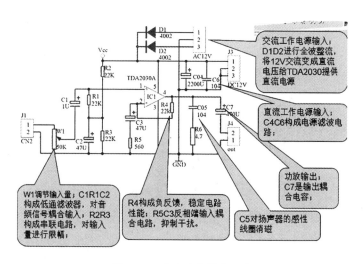

图 7-22　功率放大器的制作

(三)功放电路的调试

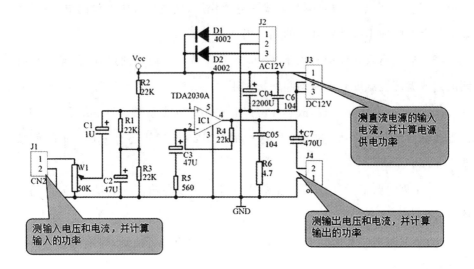

图 7-23

三、稳压电源

(一)整流电路

1.半波整流电路

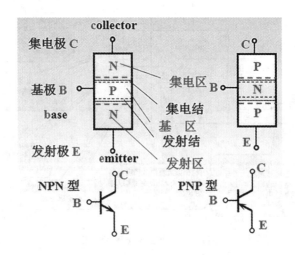

图 7-24 半波整流电路

T:将大交流变小交流。

V_D:整流二极管,RL 为负载。

$u_2 = U_2 m \sin wt = \sqrt{2} U_2 \sin wt$。

$Uo = 0.45U_2$。

2. 全波整流电路

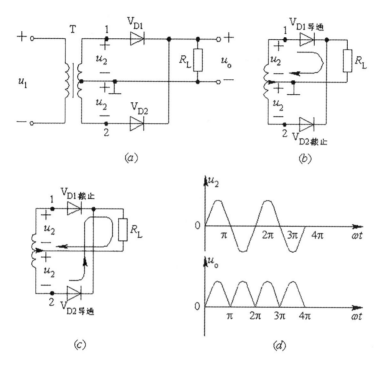

(a)   (b)

(c)   (d)

图 7-25 全波整流电路

利用两个管子交替工作,构成全波整流电路,可以克服半波整流电路的缺点。

变压器次级线圈上可以得到两个大小相等、相位相反的交流电压,它们分别加到整流管 V_{D1}、V_{D2} 上。当1端对地为正,2端对地为负时,V_{D1} 导通而 V_{D2} 截止,如图 7-25 所示,在 RL 上得到波形为半波的电压。

$Uo = 0.9U_2$

3.桥式整流电路

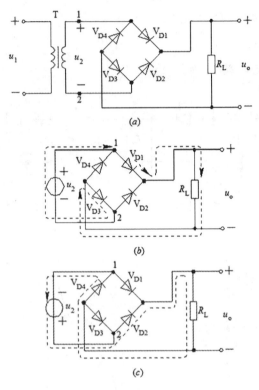

图 7-26　桥式整流电路

4个整流二极管组成一个电桥,当 u_2 为正半周时(1端为正,2端为负), V_{D1} 、 V_{D3} 导通, V_{D2} 、 V_{D4} 截止,电流沿着图 7-26(b) 中虚线上箭头所指方向流过 RL ;而当 u_2 为负半周时(1端为负,2端为正), V_{D1} 、 V_{D3} 截止, V_{D2} 、 V_{D4} 导通,电流沿着图 7-26(c) 中虚线上箭头所指方向流过 RL 。

(二)滤波电路、串联稳压电源

经过整流后,输出电压在方向上没有变化,但输出电压波形仍然保持输入正弦波的波形。输出电压起伏较大,为了得到平滑的直流电压波形,必须采用滤波电路,以改善输出电压的脉动性,常用的滤波电路有电容滤波、电感滤波、LC 滤波和 π 型滤波。

1．电容滤波电路

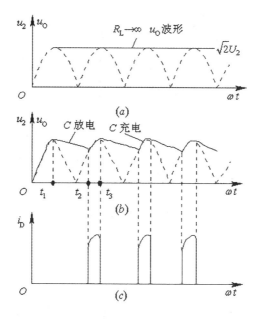

图 7-27　电容滤波波形

电容滤波整流电路，其输出电压 U_0 在 $0.9U_2 \sim 1.414U_2$ 之间，一般 $U_0 = 1.2U_2$。

2．硅稳压管稳压电路

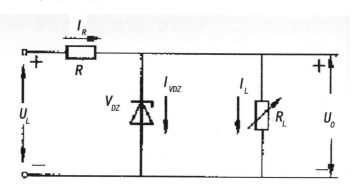

图 7-28　硅稳压管稳压电路

U_i 不变而负载电阻 RL 减小 —— I_L 增加 —— $I_R = I_L + I_{VDZ}$ 也有增大的趋势 —— $U_R = I_{RR}$ 也趋于增大 —— $U_0 = U_{VDZ}$ 下降 —— I_{VDZ} 将显著减小 —— 补偿 I_L 的增加量 —— I_R 基本不变 —— $U_0 = U_i - I_{RR}$ 基本稳定。

RL 保持不变 U_i 升高时 —— U_0 增加 —— I_{VDZ} 将显著增加 —— $I_R = I_{VDZ} +$

I_L 加大 —— U_R 升高 —— U_O 基本稳定。

3.串联型三极管稳压电路

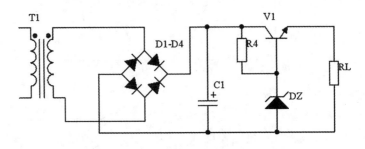

图 7-29   串联型稳压电路

当负载不变 U_i 增加时 —— U_O 增加 —— Ue 增加 —— Ube 下降 —— ($V_b =$ V_{DZ} 固定）—— I_b 下降 —— Uce 升高（输出特性）—— U_O 降低

4.开关稳压电路

(1)开关型稳压电源的特点和类型。

线性稳压电路的缺点：调整管管耗大、电源效率低（30％左右）。

改进思路：使调整管截止（电流 I_{CEO} 小）或饱和（管压降 U_{CES} 小）。

(1)开关型稳压电源的特点。

开关稳压电路的优点：效率高（60％～80％以上）、稳压范围宽、对电网要求不高、体积小、重量轻。

开关稳压电路的缺点：输出电压含较大纹波、对电子设备干扰较大、电路复杂。

(2)开关型稳压电源的特点和类型。

按起开关控制作用的振荡电路分：①自激开关式——调整管又兼作开关用的振荡器件。②他激开关式——由独立器件组成振荡电路，其输出脉冲以开关方式去控制调整管。

按起稳压控制作用的脉冲占空比形式分：①脉宽调制式（PWM——Pulse Width Modulation）——由输出直流电压误差来改变控制调整管占空比，频率不变。②频率调制式（PFM——Frequency Modulation）——起开关作用控制器的输出脉冲只改变频率，占空比不变。

(三)直流稳压电源制作调试

1.步骤

先测试变压器输出电压,再测试整流、滤波后电压,最后测试、调整稳压后输出电压。

2.测试

用万用表测试输出电压、滤波后电压、输出电压,并用示波器观测三者的波形。

3.故障分析与排除

输出电压数据不正常:查输入电压(220V)、变压器;

滤波后电压不正常:查桥式整流二极管,滤波电容;正常查稳压电路、负载电路;

输出电压不正常:断开负载,不正常稳压器、电容;正常查负载电路。

四、音阶发生器

(一)集成运放概念

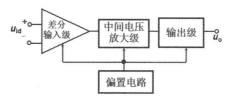

图 7-30 集成运算放大器的基本结构

输入级:差分电路,大大减少温漂。低电流状态获高输入阻抗。

中间电压放大级:采用有源负载的共发射极电路,增益大。

输出级:准互补对称电路,输出功率大、输出电阻小。

偏置电路:各种电流源给各级电路提供合适的静态电流。

(二)正弦震荡基本知识

1.信号产生电路

分类:①正弦波振荡,包括 RC 振荡器(1 kHz 至数百 kHz)和 LC 振荡器(几百 kHz 以上)。②非正弦波振荡,包括石英晶体振荡器(频率稳定度高)和方波、三角波、锯齿波等。

主要要求性能:输出信号的幅度准确稳定、输出信号的频率准确稳定。

2.正弦波振荡电路

(1)振荡电路的组成:①放大电路 Au。②正反馈网络 Fu。③选频率网络——实现单一频率的振荡。④稳幅环节——使振荡稳定、波形好。

(2)振荡电路的分析方法：①检查电路组成。②"Q"是否合适。③用瞬时极性法判断是否满足起振条件。

(三)音阶发生器制作

1.功能原理

由 RC 串并联网络构成具有选频作用的正反馈支路，由运放 LM358 构成放大电路，二者构成了 RC 正弦波振荡器。

2.线路布局

时钟脉冲发生器及时序脉冲发生器等信号源电路，在布局上应考虑有较宽裕的安装位置，以减少和避免对其他电路的干扰。

产生大电流信号或重要脉冲的集成电路块，应尽量布置在靠近插头的板面上。

确定印制板尺寸的方法：先把决定要安装在一块印制板上的集成块和其他元件，全部按布局要求排列在一张纸上。排列时，要随时调整，使形成印制板的长宽比符合或接近实际要求的长宽比。

各个元件之间应空开一定的间隙，一般为 5～15mm，有特殊要求的电路还应放宽。间隔太小，元件不易散热，调试维修不方便；间隙太大，印制板的尺寸就大，由印制导线电阻、分布电容和电感等引起的干扰也就会增加。待全部元件都放置完毕，印制板的大致尺寸就知道了。

五、电子琴整机制作

一、电路装配准备

(1)电路焊接工具：电烙铁(20～35W)、烙铁架、焊锡丝、松香。

(2)机加工工具：剪刀、剥线钳、尖嘴钳、螺丝刀、镊子。

(3)测试仪器仪表：万用表、示波器。

二、电路装配

第一步：各部分电路检测：①电源电路测试；②音源发生器测试；③前置放大器测试；④功率放大器测试。

第二部：各部分电路组装。

第三部：组装焊接后的整体检查。

第八章

课程思政探索

第一节　模拟电子技术课程思政教学现状

课程思政是将高校思想政治教育融入专业课程教学的各环节和各方面,实现立德树人、润物细无声的效果。课程思政实质是一种课程观,不是增设一门课,也不是增设一项活动。其目的是以专业课程教学为手段,适当地融入思政教育元素,通过对"知识传授"和"价值引领"有机耦合,在培养专业知识、专业技能以及专业人才的同时,引导学生建立健康的目标、追求正确的价值观。这一过程是工具理性和价值理性的统一与融合。

为贯彻落实全国高等学校思想政治工作会议精神,转变思政课程才是加强高校思想政治教育工作的关键的固有思维,推动"思政课程"到"课程思政"的转变中,把思想政治工作贯穿于各门课程教学的过程中,挖掘专业课程的德育元素,发挥课程育人的功能,是新时代高校立德树人的创新理念,是高校各门课程创新改革的基本。

"电路与模拟电子技术"是计算机、自动化、机械专业等理工科类本科生的一门重要的专业核心课程,着重培养学生电子电路的分析与设计能力。该课程在应用型本科院校的教学过程中,存在着从强理论教学到重实践教学的创新改革,授课教师不断将实践应用的案例引入到理论教学中,丰富理论教学内容,锻炼学生的实践应用能力,让学生感受到学有所用,但在教学过程中缺乏人文精神、道德素质等的"软引导",甚至会被认为理工科课程中理论的逻辑推导、公式计算与思政教育没有交点。事实上,理工科课程不仅要重视逻辑知识,专业技能的教授,更要注重明辨性思维能力,人文素养的教育培养。因此,充分挖掘电路与模拟电子技术课程中的思政元素,使课程教育与思政教育有机结合,成为课程教学创新改革的又一重要方向。

随着全国高校思政工作会议精神的落实与深入,各高校开始不断探索课程思政的研究与实践,并取得了初步的成效,但是认知度和实践度还远远不够。工科类专业在开展课程思政的实际教学工作中问题尤为突出,主要体现在以下几方面。

一、课程思政理念落后

多数教师和学生认为理工科类课程应该是理论推导、公式计算、实践应用,与死记硬背的思想政治类课程完全不同,课程中无法加入思政的元素,即使强行加入,教师教、学生学的过程中也会格格不入。

二、教师思政水平有限

课程主要是由理工科毕业电路方向的教师授课,教师缺乏专门的思政教育,思政水平有限,教师讲解课程更注重理论推导与实践应用,要进行课程思政教学,需要广义理解思政教育,充分挖掘课程的知识点,恰当融入思政元素,目前教师仍在系统讲授原有课程知识,在有意识地开展课程思政教学方面有所欠缺。

三、课程思政理解狭隘

理工科教师学生惯有的理性思维,对思政教育的理解狭隘,认为只有马列主义、毛泽东思想等思想政治理论、法律法规等才是思想政治教育,忽视了学生的价值观念、道德规范、行为习惯等也是思想政治教育的范畴,是课程思政教育的方向。

四、课程思政力度欠缺

学校提倡教师在教学过程中要恰当地融入思政元素,积极开展课程思政,虽然相应的激励机制不完善,但开展课程思政带来的优势还不明显,教师在授课过程中可能已经融入了思政元素,但是总结提炼少,课程思政开展力度欠缺。

五、工科专业课程建设中工具理性与价值理性脱节

工具理性是指行动仅仅由追求功利的动机或目的所驱动,行动借助理性达到自己所需要的预期成果,行动者仅仅考虑效果的最大化。相反,价值理性在

实现自己目标时,更加重视或强调动机的纯正性、选择手段的正确性,并非一味强调结果的重要性。工科类专业的教学往往强调"工具理性",而思政教育的引领或实践流于形式,停留在表面,其后果可能会引起学生职业道德感缺失、岗位适应能力差、社会责任感缺乏、人生观和价值观背离等一系列问题。

六、知识传授与价值引领不同频不共振

虽然专业课教师长期从事教学研究,具有较丰富的教学经验,但思政教学理念的积累远不够,思政教学方法单一、固化。具体表现为:从专业知识的教授到思政内容的引入过渡不自然,显得生硬和呆板;思政内容的教学方法沿用传统的灌输式教学,导致教学效果不理想化,思政内容空洞乏味。

第二节　模拟电子技术课程思政建设

本节以模拟电子技术课程为例,开展工科类课程思政教学模式的实践探索,深入挖掘蕴含在模拟电子技术课程中的思政元素,把专业课程教学(专业知识)目标和课程德育目标(创新引领发展,科技强国,专业报国等)相融合,将思政教育元素适当地引入到工科专业课程的教学中,在专业知识传授中融入价值引领,从而达到知识传授、能力培养、价值塑造三位一体的高校教育教学目标。

要开展课程思政教学,教师和学生应该在思想上、认识上进行彻底的改变,认识到思政应该是时时处处存在于课程中的,是从不同角度认识的课程,我们应该多角度、全方位地认识课程,充分发掘课程的思政元素,恰当地运用课程的思政元素,展现课程的另一种视角。由于课程之前的教学中对思政元素挖掘的少,所以要在给课程中合理充分地融入思政元素,应该广义理解思政概念,深入研究课程内涵,不断探索课程与思政的更多交点,进行课程思政的教学改革。

思政的内涵、视角很多,教师将思政引入课程教学既要结合课程的特点、学生的兴趣,又要思考该课程思政的特色以及益处,解决如何通过课程思政,更好地提高课程教学效果,培养学生养成自主学习的良好学习习惯的问题。

一、课程教学中思政教学的设计

在课程思政不断开展的过程中,课程组教师改变传统地教学观念,积极开展电路与模拟电子技术课程思政教学改革研究,积累了一些课程思政的典型案例,下面以模拟电路内容中晶体管放大电路分析的教学过程为例,分析在课程

教学时,如何恰当地结合思政元素,潜移默化地融入思政内容,使教师思政课程不生硬,学生对思政课程教育不厌烦。

在晶体管放大电路的教学过程中,学生课前利用 EWB 仿真软件对晶体管的输入输出特性曲线进行分析,小组讨论,课上翻转课堂讲解分析方法和过程,基于特性曲线分析,完成放大电路的放大、饱和失真和截止失真的仿真分析实验,教师讲解晶体管放大电路的理论知识,结合仿真分析让学生深刻理解放大电路的工作过程,并在教学过程中设计融入思政元素。

(一)教学结合时政热点,激发学生爱国热情

课前的放大电路特性曲线分析,要求学生使用的 EWB 软件做仿真分析,EWB 软件是加拿大交互图像有限公司在 20 世纪 80 年代末推出的 EDA 软件,类似的仿真软件有 Multisim 仿真软件,是美国国家仪器(ND)有限公司推出的,我们现在常使用的很多软件,都是其他国家的,科学研究的平台受制于国外,作为当代大学生我们要承认存在的差距,更要用自己的力量去减小这种差距,要有致力于参与研究国产软件的决心,要努力学习专业知识,不断提升自己的专业水平,让自己作为专业人才,为国家的科技发展贡献力量,培养学生的家国情怀。

通过讲解课程应用背景,引出我国当前的芯片发展现状,并对芯片研究现状进行分析,从而加强对学生的爱国主义教育,弘扬爱国主义精神。模拟电子技术在当今生产生活领域中应用广泛,在讲解绪论时,通过讲解模拟电子技术的应用场合和未来发展趋势,激发学生的爱国热情。例如,闹得沸沸扬扬的中兴事件,中兴事件映射出我国芯片发展的薄弱环节。中国芯片的研发环节很大一部分都处于空白状态,很多的高端芯片需要从外国进口。中兴的危机事件引发了我们对于中国芯片研究与发展现状的认知,认识到中国芯片依赖于西方国家科技所带来的隐患。让学生通过此事,懂得虽然科学无国界,但科学家有祖国,只有自己祖国强大,我们才能生活得更好,才不会被其他国家在关键技术领域卡住脖子。模拟电子在未来芯片的研发中起着至关重要的作用。因此,让学生明白学好模拟电子技术,并将其发展壮大,也是报效祖国的一种方式。通过将家国情怀融入专业课程中,逐步培养学生的民族认同感和国家荣誉感,让学生认识到自己现在的使命和责任,不再浪费时间,虚度光阴。

通过讲解半导体,引出半导体的应用领域及未来的发展趋势,激发学生的

创新精神。半导体是位于导体和绝缘体之间的物质。本征半导体的特点是纯净的不含任何杂质的半导体,在本征半导体基础上掺杂三价或五价元素构成杂质半导体。掺杂的杂质越多,导电性能越好。半导体是科技创新、社会发展、经济增长的核心要素。在科技发展的今天,半导体的体积越来越小,所构成的组件却越来越多,由近 400 亿个组件构成。从智能汽车、智能家居、智慧工厂、智能手机到互联网的应用,半导体在全球化服务的智能化行业中无处不在。随着 5G 时代的到来,人工智能领域、无线通信领域、大数据、物联网等行业对半导体的需求将急剧增长,高端的半导体材料将会变得更加紧缺。2020 年,新冠肺炎疫情席卷全球,全世界遭遇了百年不遇的重大公共卫生安全危机。新冠肺炎疫情对全球化的众多产业带来了极大的影响,也推动了很多行业对创新应用的强烈愿望与需求。为实现更安全、更健康、更互联的未来,半导体科技的研究与发展将变得更加重要。通过讲解与半导体相关的时事背景,让学生了解我国半导体科技当前的发展形势,提高学生的创新意识以及忧患意识,鞭策自己努力学习,做社会主义新时代的合格大学生。

通过讲解滤波电路,引出嫦娥五号探测器的成功着陆,增强民族自豪感,坚定四个自信。滤波电路的主要特点是对于电路中的信号频率进行选择,通过特定频率范围内的信号,限制其他频率信号。滤波电路应用广泛,可以用于语音处理、图像处理等。在图像处理中,通过图像采集、编码、传输和处理期间,图像中像素值总是会突然变化。在没有过滤技术的情况下,很难从数字图像中去除这种突然变化的像素值。因此,当涉及图像的过滤时,需要用到滤波电路。在讲解此内容时,可以加入思政元素。例如,2020 年 12 月 1 日 23 时 11 分,嫦娥五号探测器成功着陆在月球正面西经 51.8 度、北纬 43.1 度附近的预选着陆区,嫦娥五号的着陆器配置的降落相机拍摄了着陆区域影像图,并传回着陆影像图。这一过程中,就用到了滤波电路,而嫦娥五号的成功发射,意味着我国将在探月项目中弯道超车,在探索太空历史上具有里程碑的意义。通过讲解滤波电路,引入嫦娥五号探测器的成功着陆及传回影像图的思政元素,使学生增强民族自豪感,坚定四个自信。

通过讲解波形的发生和信号的转换,引出当前我国 5G 网络及网络建设的发展现状,提升学生的国家荣誉感。在模拟电路中,需要用到各种波形的信号作为传输和控制信号,并将采集到的信号用于测量、控制、驱动负载或者输入计算机中,信号在传输过程中往往根据具体需求,对信号进行变化,如将电压信号转换成电流信号、将电流信号转换成电压信号、将电压信号转换成频率与之成比例的脉冲等。而在讲解波形的发生和转换时,可以顺势引出5G网络的原理及目前发展现状,5G网络是通过无线电波进行通信的,并通过频率很高的无线电波传输信息。在通信快速发展的今天,我国已进入万物互联的5G时代,截止到2020年12月底,我国已建5G基站69万个,目前居全球之首,而我国目前的5G技术也处于世界领先水平。5G也正在悄无声息地改变着我们的生产生活,教育、医疗、农业、工业、交通等各行各业也将插上5G的翅膀并且快速发展。通过将5G网络建设的现状及未来发展的思政元素融入课程内容讲解中,提升学生的国家荣誉感。

(二)恰当引导,养成严谨的研究探索习惯

在放大电路的仿真实验的分析过程中,设计将课程思政融入课程教学的全过程中,以问题引导的方式,激发学生的科学研究探索兴趣和能力,通过学生自己的主动思考,反复研究,获取知识,将所学知识和技能转化为内在的素养,实现全过程、全方位育人。

以固定偏置放大电路的仿真分析为例,要求学生分组完成放大电路的仿真分析。研究主要围绕以下问题展开:①放大电路输入回路中极间电压与电极电流之间的关系,在研究的过程中要考虑输出回路极间电压对输入特性的影响。②放大电路输出回路中极间电压与电极电流之间的关系,要考虑输入回路电极电流对输出特性的影响。③晶体管工作在不同状态时,输入交流小信号后放大情况的研究。研究的问题不限于这三个。

1.解决问题,掌握方法,培养学生的科学观

在放大电路的仿真分析中,学生可以很方便地修改电路元件的参数,研究电路元件参数不同对电路性能的影响,研究输入回路中,基极电流与发射结电压之间的关系。但是研究需要掌握方法,修改参数的过程中,要以发射结电压的变化影响基极电流变化的研究为主,改变元件参数。研究后固定输入回路元件参数,修改管压降 U_{CE},研究 U_{CE} 不同对输入回路特性的影响,循序渐进,研究问题,让学生养成独立思考、深入研究、拓展研究的科学素养,培养学生的科学观。

2.合适的学习状态,学习效率的保证

放大电路中,晶体管要工作在放大状态,而且必须具有合适的静态工作点,才能充分发挥作用对小信号进行放大,若静态工作点选取的不合适,在放大的过程中,信号就会产生失真。可以和学生学习态度、学习习惯以及学习效率等结合进行引导,让学生养成良好的学习习惯。同学们在学校学习,学校尽可能地提供优良的学习环境,具备了学习的条件,但是学生自己的学习态度不端正,学习状态不良,学习效率就不能保证,同样的条件,不同的学生就会收获不一样的结果,教育学生在学习的过程中,要保证合适的学习状态,提高学习效率,不要浪费时间,虚度年华。

3. 加强团队合作,着力能力的培养

仿真过程中,在个人独立思考完成仿真任务的同时,要和小组同学讨论,了解其他同学的仿真研究情况,要注意集思广益,小组同学充分配合,体现团队合作的力量,使可研究的问题更丰富,研究的内容更加深入细致,有利于学生研究习惯的养成以及研究能力的培养。

4. 正确对待影响,有效控制影响

在放大电路晶体管特性的分析研究过程中,研究输入特性时,需要研究输出回路参数对输入特性的影响;研究输出特性时,要考虑输入回路参数对其影响,影响有好有坏,有利有弊,有些可能是必须存在的,折射在学生的成长过程中,学生成长过程中会遇到这样那样的影响,当影响不可避免时,引导学生思考如何合理的看待影响,正确地对待影响,有效控制影响,让影响成为自己成长道路的财富。如果没有办法改变意外的影响,要正确对待影响,树立正确的人生观、价值观。影响是相互的,成长过程中要充分考虑自己对别人造成的影响,结交志同道合的朋友,努力成为朋友人生道路中的财富。

二、课程教学中思政教学的效果

在放大电路仿真分析的教学实践中,将思政元素的设计案例应用于“电路与模拟电子技术”课程的教学实践中,教学中引入思政元素,观察、听取部分学生的反映,学生普遍认为能够深入理解问题,深入研究,对于放大电路知识的理解很有用,也能够体会到团队合作的力量、良师益友的作用,认真学习的重要,表明自己不会松懈,调整好状态,全力完成大学学习,今后的学习生活中会更加努力,不断进步。

课程组授课教师在课程思政改革中,看到学生学习积极性的改变,研究能力的提升,对课程思政改革充满信心。在不断转变教学思路,加强自身思想政治学习,树立和增强思政意识,充分挖掘"电路与模拟电子技术"中思政元素,引导学生更好地学习,实现专业教育与思政教育的和谐共存。

三、加强专业和学科本身所承担的使命以及责任教育意识

强化专业课教师对本学科、本专业、本课程隐含的内在价值、社会价值的充分认识,增强专业课教师的社会责任感和历史使命感。例如,在对"模拟电子技术的发展历程"讲解中,联系到中美贸易战中的"芯片之战",涉及的核心技术就是中国的半导体产业。看似一场简单的贸易之战,实则是我们中华民族崛起的道路上,必将经历的挫折与困难;这也不只是关乎高级科研工作者的难题,而是整个民族特别是与之相关领域内的从业人员,需要为之付出努力和汗水的强国之战!因此,我们在享受着祖国强大给我们带来的安全和幸福的同时,与之相关核心科技的专业课教师应该清楚自己所被赋予的历史使命感和民族责任感,高校学生教育是中国未来科技人才的中坚力量,大学是青少年成年后步入社会的关键过渡期,是他们"三观"成型的黄金节点。作为人类灵魂工程师的大学老师,尤其是与之相关核心科技的电子类专业课老师所要做的,不仅是教书,更是育人。又如:电子技术课程是很多伟人的研究成果、探索过程及其人格的集中反映。用他们探索知识的过程,追求真理的历程,执着理想的事迹来培养学生的奋斗精神,教育引导学生树立高远志向,历练敢于担当、不懈奋斗的精神;培养学生的科学精神和创新精神,让学生变被动学习为主动学习。

四、结合专业特点挖掘思政元素

把专业课教学目标和课程德育目标相结合,把握专业课和思政教育之间的联系,将思政素养、人文素养、职业素养渗透到专业课程中,加强工科类专业课程的价值引领作用。例如,模拟电子技术在关于"半导体器件"的讲解中,联系到中美贸易战,其中"卡脖子"技术——芯片技术涉及的专业知识就是基于半导体的集成芯片。借此,专业课教师在讲解半导体器件时,可以让学生客观地了解到我国芯片技术的发展现状,让学生从内心意识到:科技兴则民族兴,科技强则国家强,核心科技是国之重器。引领学生科技强国、专业报国意识,增强民族自信,激励学生自觉把个人的理想追求融入国家和民族的事业中,树立民族复兴的理想和责任。又如:在讲解 PN 结及二极管的单向导电性——PN 结的正向电压低于开启电压时,无电流通过,称为"死区",这正如一个人成功前都有一段默默无闻的奋斗时期,克服了这段时期,就可以获得量变到质变的跳跃,正如

二极管迅速导通一样,引导学生尊重事物规律并利用其规律。

五、摒弃灌输式的教学方法

摒弃灌输式的教学方法,通过采用项目设计式教学、分组讨论式教学、情景模拟与角色体验等先进教学方法,促使知识传授与思政教育的自然融合;通过学生自主思考和积极主动参与教学的过程,实现认知、态度、情感和行为的认同,以切实有效的课堂思政教育方式,提升思政教育的教学效果。例如,三极管有放大作用要具备内因和外因条件,其内部结构及材料决定了有放大作用的内在根本,而具有合适的静态偏置电压是其外在条件,两者具备,三极管才能正常放大。即内因是事物发展变化的根本,外因是事物发展变化的条件,外因必须通过内因才能发挥作用。引导学生在人生发展过程中要正确对待内外因的关系,辩证地看待机遇,在勤奋努力修好内功的基础上寻找发展的机会,机会永远是留给有准备的人。又如:模拟电子技术是利用电子元器件实现某种实际功能的电路系统,其核心是,以分立元器件(如电阻、电容、二极管)、集成电路(运算放大器、集成芯片)等电子零部件为基本单元,设计并制作出符合功能要求的电路或者独立小系统。因此,该课程可灵活采用项目设计式教学,采用实际日常的电子小产品作为设计任务,如扩音器中的功放、稳压源、信号发生器、报警器、抢答器、交通信号灯等,课程内容按照项目包括的几个单元模块电路重新组合。这样不仅提高了学生学习该课程的兴趣和主动性,还培养了学生理论联系实际、解决实际问题的能力。让学生亲身感受到了学以致用的无穷魅力,让学生真正意识并领悟该课程的精髓,可以为人类造福、服务社会的历史责任感和使命感,把个人目标的实现和社会价值有机地结合起来,利用所学知识和技术为祖国做出贡献。

六、在课堂教学中着重培养学生的辩证思维

教师进行二极管教学示例时,教师对二极管特性进行折线化近似分析,根据忽略导通压降、导通电阻及反向电流,二极管的简化电路模型分为三种,理想二极管模型、恒压源模型和线性模型。忽略条件越多,模型越简单;考虑条件越多,模型越接近二极管的伏安特性曲线,分析的误差越小。这正如人生也面临选择,考虑条件越简单,越容易做出选择。而尽可能地进行多方面的求证,那么所做决定的风险代价就越小,从而培养学生的辩证性思维。

而在"负反馈改善放大电路的性能"教学示例中,笔者先给学生五分钟的课

堂讨论时间,讨论实际生活中存在的反馈,然后,总结归纳学生的讨论结果,引出模拟电路中的反馈。放大电路中引入交流负反馈,降低了放大电路的放大倍数(这是放大电路付出的代价),但是与此同时稳定了放大倍数、改善了放大器的输入阻抗和输出阻抗、扩展了放大器的通频带、减小了放大器的失真。这也培养学生的辩证思维,即看待问题要全面,凡事有利亦有弊。

七、理论联系实际,激发学生的学习兴趣

笔者在单管放大电路的教学过程中,先给学生展示电路,再组织学生进行分析讨论。①该电路能否实现? ②如果不能,请指出原因。③这幅"电路"图对你是否有启迪?

如此,课堂气氛被调动起来,绝大多数学生都说这是一个不能实现的电路。而教师则恰当地引入了放大电路的定义:放大电路实际上是一种线性受控能量转换装置,在输入信号的线性控制下,将电路内的直流电源转换为输出信号能量。电路没有直流电源,这是该电路不能实现的一个原因。通过后续课程的深入学习,学生还找出了该电路没有稳定静态工作点的能力、放大电路放大的对象是变化量等问题。

单管放大电路的教学示例也给学生以启发。自然界万物遵循能量守恒定律,直流电源为放大电路提供了能量,三极管才可以实现能量的转换。使学生认识到:天下没有免费的午餐,脚踏实地做好每一件事情,放弃痴心妄想;现在拥有的在大学校园里接受教育的机会,那是父母为我们提供了各种支持和后勤保障;哪有什么岁月静好,只不过是有人在为你负重前行。如此一堂专业课,学生收获的不仅仅是专业知识,更感悟到了宝贵的精神财富。

八、加强实践教学,实现对学生情感的升华

情感教育与实践教学活动存在紧密的联系,在初中阶段道德与法治课教师结合情感教育的要求,在探索教学改革的过程中,教师不仅要激发学生的主观能动性,还要适当地对实践教学平台进行开发,为学生创造参与实践教学的条件,确保学生在实践学习中加深对理论知识地掌握,使学生的情感得到升华,真正实现对学生综合素质的培养。

如教师在组织学生学习"服务社会"课程内容的过程中,就可以设计志愿者实践活动,为学生提供与"服务社会"相关的多种类型的志愿者活动。在进行实践活动前,教师可以通过多媒体设备给学生播放生态环境污染、中华民族历史

辉煌成就等活动相关内容的视频资料,激发学生爱国情感、环保意识、民族自豪感等积极情感,使学生在参与社会实践活动的过程中形成对"服务社会"的全新认识,升华学生思想情感,使学生的社会责任感得到良好的培养,在活动结束后,教师可以通过组织班会的形式,让学生走上讲台分享活动感悟,教师给予学生表扬和激励,进一步加深活动效果,让学生能够真正实现学以致用,为将学生打造成为高素质人才奠定基础。

第三节　课程思政实施原则与实例分析

一、模拟电子技术基础课程思政实施原则

模拟电子技术基础课程思政的实施,需在完全理解中央文件精神的基础上,从模拟电子技术基础课程内容特点出发,并结合青年学生的思想特点,以"潜移默化"的原则来实施。

教育法规定要培养德、智、体、美等方面全面发展的社会主义建设者和接班人。因此,教育应当坚持立德树人,对受教育者加强社会主义核心价值观教育。而社会主义核心价值观是辩证唯物主义开出的花、结出的果,只要引导学生树立正确的世界观和方法论,他们认同和践行社会主义核心价值观就是水到渠成的事;价值观的培养是需要潜移默化的,这就要求教师在实施课程思政时要做到润物细无声。

青年学生世界观、人生观和价值观存在着不定性、可变性和可塑性大,价值取向存在多元、多变、矛盾的特点,难以全面把握事物本质,思想上容易出现脱离实际、迷茫和失衡,容易被外界所左右。同时,青年学生思想上的自我意识和独立性又在逐步增强,个性突出,存在较强的批判倾向。这就要求教师在课程思政的实施上需以案例实证为主,避免理论说教。

而模拟电子技术基础课程内容均反映客观事物的自然规律,课程相关电路的分析和设计都需要用科学的方法论做指导。所以教师应根据课程内容系统性强的特点,通过充分挖掘模拟电子技术基础课程教学内容中所蕴含的辩证唯物主义思想,有机结合课程教学内容进行教学设计,从每一章每一节里面挖掘融入唯物论和辩证法的思政元素,并使其与知识点融合。通过课程引导学生在工作学习和生活中遇到问题时能够自觉地、本能地使用辩证法和唯物论去分析

问题、解决问题,进而自觉、主动地认同党的路线方针政策。

二、模拟电子技术基础课程思政元素归纳

模拟电子技术基础课程主要介绍信息从实际物理世界到电子信息世界的映射。课程内容和方法技巧上深刻体现了客观世界及其固有的规律,即唯物辩证法。教师在实施课程思政之前,应对课程中能够明显体现思政元素的内容进行发掘。表 8-1 为模拟电子技术基础课程各章内容与辩证唯物主义的结合点示例,可以此作为模拟电子技术基础思政教育的切入点,对学生进行科学思维教育。

表 8-1 模拟电子技术基础课程思政元素举例

课程知识点	辩证唯物主义观点	知识点与唯物辩证法之间的联系	思政教育要素
第一章:PN 结及二极管的单向导电性	事物是普遍联系的	半导体→载流子→PN 结原理与特性:普遍联系的观点	引导学生从事物普遍联系的观点中理解器件原理,提高辩证的思维能力
第二章:三极管静态工作点与放大作用	内因和外因的相互关系	三极管内部结构是内因,合适的外部电路是外因:兼备才能放大	人生要正确对待内外因,辩证看待机遇,练好内功,机会是给有准备的人
第三章:差分放大电路的设计过程	否定之否定原理	温漂→对称放大电路→差分放大电路:否定之否定	事物发展是前进性与曲折性的统一,不是直线式前进而是螺旋式上升的。不能妄图一蹴而就
第四章:频率响应的改善和增益带宽积	矛盾的普遍性	放大电路的通频带宽度和增益互为矛盾制约:矛盾的普遍性	矛盾不仅存在于事物内部,而且存在于事物之间。做事情要综合考虑其造成的各方面影响

课程知识点	辩证唯物主义观点	知识点与唯物辩证法之间的联系	思政教育要素
第五章:负反馈对放大电路性能的影响	矛盾的普遍性与特殊性原理	负反馈改善性能,却降低倍数→矛盾:可调节反馈深度转化	矛盾普遍存在的,对特殊性应具体问题具体分析:两点论和重点论
第六章:反馈网络中电容的作用	量变与质变的辩证关系原理	容值小时起相位补偿的作用,容值大时起积分运算作用:量变导致质变	事物发展变化从量变开始,量变积累为质变:防微杜渐,不以恶小而为之,不以善小而不为
第七章:自激振荡与振荡电路的关系	偶然性和必然性的对立和统一	自激振荡与振荡电路的原理相似、境遇不同:偶然性演变为必然性	在一定条件下为必然的东西,在另外的条件下可以转化为偶然:反之亦然;重视小问题背后的大道理
第八章:电压放大与功率放大的区别	矛盾的特殊性原理	电压放大电路倍数高、效率低→不适合功率放大:重点分析具体矛盾的特殊性	矛盾普遍存在的,对特殊性应具体问题具体分析:两点论和重点论
第九章:电容对滤波电路性能的影响	矛盾的同一性和斗争性	电容提高了输出波形质量却造成电流波动畸大:同一性要受斗争性制约	矛盾是双方相互依存,相互联系,又相互排斥、相互限制:要认识到具体矛盾斗争都是有条件的、历史的、相对的、暂时的

以上是对模拟电子技术基础课程各章内容与辩证唯物主义的结合点进行例示。实际上,在每一章当中,结合点绝不限于表中所列,不能一一列举,授课教师应结合自己的知识结构,精选合适的结合点,构造个性化的思政课堂。

三、模拟电子技术基础课程思政实施举例

以表8-1中第二章的思政结合点为例,在对学情进行分析的基础上,可对课堂组织过程进行如下设计。

在此节课之前,学生对三极管特性曲线(内因)和放大电路结构(外因)有了

一定的认识,这是本节课的知识基础!至此,学生自然会迫切想了解如何定量分析三极管的工作状态,这是本节课的心理基础。本节课的讲授中,教师可以利用上述知识和心理基础,引导学生在学习图解法分析放大电路静态工作点的方法和步骤基础上积极思索静态工作点的位置与放大电路是否能够正常工作之间的关系,进一步联系到辩证法和唯物论的基本原理,既学好专业知识,又树立正确的人生观。

所以,在完成静态工作点的概念回顾后,引入本节内容,结合静态工作点的基本概念和图解法分析放大电路的知识点讲解过程融入思政要素,实施步骤如表 8-2 所示。

表 8-2　教学过程分解示例

教师活动	预设学生活动	设计意图
静态工作点 Q 的概念与计算讲解	学生动笔列出 Q 点计算式	回顾上节课内容并创设问题情境,为学习新知识做准备
为什么 Q 点属于三极管的内部特性	学生思考	让学生回想第一章内容,建立第一章与第二章内容之间的联系
三极管所处的外部环境是什么	学生思考	让学生认识到器件的发明是为了应用,并进一步联想到个人存在的价值在于能够服务社会
如何用图解法找到 Q 点 1. 找到或测出三极管特性曲线 2. 画出输入输出回路负载线 3. 特性曲线与负载线的交点即 Q	学生思考并回答问题。 归纳:先做曲线 1,再做曲线 2,找出交点。交点的意义就是其既满足曲线 1,又满足曲线 2	使学生了解静态工作点是三极管在放大电路中发挥核心作用的起点,同时让学生认识到内因和外因的辩证关系

（续表）

教师活动	预设学生活动	设计意图
什么是合适的 Q 点? 合适的 Q 点下信号是如何被放大的	学生思考并回答问题。归纳:合适的静态工作点,使信号在正负两个半周期上都能获得不失真的放大	使学生直观地看到合适的静态工作点,使输入波形正负半波都能不失真,同时让学生认识到合适的外部环境才能物尽其用(发挥器件的最大放大能力)
什么是不合适的 Q 点? 不合适的 Q 点会带来什么后果	学生思考并回答问题归纳:Q 点过低会引起截止失真;Q 点过高会引起饱和失真	使学生了解不合适的 Q 点及其危害,同时让学生认识到内因和外因的辩证关系。
思政要点阐述	学生思考	引导学生体会到事物发展过程中内因与外因的辩证关系,在生活中辩证看待能力和岗位的关系,能认识到机会是给有准备的人,从而重视基础,练好内功

在本知识点的讲解中,引导要点如下:

导语 1:放大电路的静态工作点体现在三极管的输入输出特性曲线上是各有一个点的。在已知三极管的特性曲线,或者能测出三极管特性曲线的情况下,可以使用图解法来分析放大电路的静态工作点是否合适。

(PPT 展示两个特性曲线)

导语 2:这是某三极管的输入输出特性曲线,现在的任务就是把静态工作点 Q 找到。一方面,Q 点是三极管的内在特性中的一点,这是为什么呢?因为从第一章的内容可知,三极管的各极电压和电流之间的关系是由它的内部三区三极两结的结构决定的,从辩证法的角度看属于内因。

(在 Q 点下划线,强调"内因")

导语 3:静态工作点变化的外因就是三极管所处的外部电路。三极管在整个电路中扮演的角色就是由输入输出回路方程决定的。

（在方程下划线，强调"外因"）

导语4：外因的变化规律曲线是怎样的呢？观察输入输出回路方程，其中一个是关于 u_{BE}、i_B 的一次函数，可以在输入特性曲线中画出此方程对应的直线即输入回路负载线，它跟输入特性曲线的交点就是静态工作点中的 I_{BQ} 和 U_{BEQ}，另一个方程是关于 i_C、u_{CE} 的一次函数，也可以用同样的做法在输出特性曲线中画出此方程对应的直线即输出回路负载线，与对应的输出特性曲线的交点，就是当下的静态工作点 I_{CQ} 和 U_{CEQ}。

Q点附近的这一小段特性曲线，可以被近似看作是直线，那么 u_{BE} 到 i_B 之间可以认为是线性变换，i_B 到 i_C 之间可以认为是线性变换，也就意味着输入电压跟输出电压的变化量之间是线性的关系，整个放大过程就是不失真的。

这两个近似过程是放大电路的核心和基础，内因是事物发展的根据，外因是事物发展的外部条件，内因通过外因表现出来。一个具备放大能力的三极管，必须被放到一个合适的放大电路当中，才能发挥它的放大能力，否则，三极管的放大倍数再大，能力再强，也是英雄无用武之地。

（PPT展示截止失真）

导语5：比如这种情况，属于静态工作点过低，问题出在哪呢？Q点过于靠近开启电压，也就是截止区，当输入电压变大的时候，可以正常放大，但是当输入信号幅值变小的时候，就会使得三极管进入截止状态，输出电压波形就产生了失真，这种失真叫作截止失真。

（PPT展示饱和失真）

导语6：再比如这种情况，属于静态工作点过高，问题出在哪呢？输入回路没有问题，但在输出回路Q点过于靠近临界饱和线，也就是饱和区，当 i_B 变大的时候，就会使得工作点进入饱和区，i_C 跟 i_B 之间不再保持线性关系了。输出电压跟输入电压波形就不再是线性关系，也产生了失真，这种失真叫作饱和失真。

导语7：所以一方面要正确认识到自身的能力，找到适合自己的岗位；另一方面也要努力提高自己的能力水平，为做出更大的贡献做好准备。如果做不到这一点，要么会让自己的能力得不到发挥，屈了才；要么能力驾驭不了你的岗位，出问题。这两种情况都是社会的损失，同时也是自己的损失。希望同学们在后面的人生道路中找准自己的定位，并且有所发展！

在具体课堂实施时,也有一些需要注意的地方:

(一)要注意思政的目的

教师从思想意识上要提高政治觉悟,要认识到不是为了思政而思政,搞课堂思政不是为了完成上级的任务,而是为了达到教育法所规定的教育目标,是为了提高课堂教学质量和育人效果,应该是中国高校教师的自觉、主动行为和履职底线。

(二)要注意思政的内涵

实施课程思政就是要引导广大青年学生自觉培养和践行社会主义核心价值观,成为合格的社会主义建设者和接班人。因此,教师需要认真研读社会主义核心价值观,思考课程适合弘扬哪些价值观,使课堂教学升华为思想政治素养融入专业素养的重要环节。

(三)要注意思政切入点的选择

在选择思政点时要注意避免两种倾向:一种是认为自己的课程过于专业,不适合搞思政;另一种是不分时机,认为应该时时有思政、处处有思政。教育的目的在于育人,而育人的角度是方方面面的,从这个意义上说,只要怀着育人的热情,每一门课都可以实施课程思政。但另一方面,不是每一节课程、每一个章节都适合思政的融入,矛盾有特殊性,特殊问题要特殊分析。思政切入点的选择,一是要根据课程的特色,不能按照一个模子搞一刀切;二是不搞遍地开花,只在可以有机联系、需要视角提升的时候,适时地切入思政元素。

(四)要注意表达方式的选择

实施课程思政不意味着专业课堂上要套用思政课程术语,只要教师真正掌握和实际运用了马克思主义的立场观点和方法,教学中就可以少用或不用哲学术语,用"接地气"的语言把事情描述出来,效果会更好,更能达到"润物细无声"的目的。当然,理性分析需要用精练的语言来抽象观点,精练语言表达的观点,有助于提高学生的思维能力。如何选择既接地气又恰如其分的语言,是需要教师备课时认真思考和积累的。

参 考 文 献

[1]杨志忠.数字电子技术[M].第 3 版.北京:高等教育出版社,2008.

[2]尹常永.电子技术[M].北京:高等教育出版社,2008.

[3]黄梅春,郑鑫.电子技术实验教程[M].北京:中国轻工业出版社,2020.

[4]周雪.模拟电子技术[M].第 4 版.西安:西安电子科技大学出版社,2016.

[5]杨家树,吴雪芬.电路与模拟电子技术[M].第 3 版.北京:中国电力出版社,2015.

[6]尼喜,曹闹昌,陈雪娇.模拟电子技术[M].武汉:华中科技大学出版社,2022.

[7]陈大钦.模拟电子技术基础[M].第 2 版.北京:高等教育出版社,2000.

[8]初永丽,王雪琪,范丽杰.模拟电子技术基础[M].西安:西安电子科技大学出版社,2016.

[9]陈飞龙.使用集成运放 LM324 制作正弦波发生器[J].电子制作,2007.

[10]马克联,张宏.万用表实用检测技术[M].北京:化学工业出版社,2006.

[11]林善明.模拟电子技术基础实践[M].北京:北京航空航天大学出版社,2015.

[12]彭克发,唐中剑,李仕旭,等.模拟电子技术基础与实验应用教程[M].西安:西安电子科技大学出版社,2018.

[13]冯泽虎.模拟电子技术应用:微课版[M].北京:人民邮电出版社,2021.

[14]陈梓城.模拟电子技术基础[M].北京:高等教育出版社,2003.

[15]王兆珍.模拟电子技术应用与任务指导[M].北京:人民邮电出版社,2011.

模拟电子技术实训

Analog electronic technology training

项目指导书

项目一 触摸开关

课程名称	电路基础与模拟电子技术	班级	
地点	一体化教室	填写时间	
项目名称	触摸开关	组员	分数

一、项目目的和要求

1. 掌握二极管、三极管的识别和测试;

2. 熟悉简单电路的搭接。

二、项目使用主要仪器设备

1. 万用表

2. 直流稳压源

3. 二极管、三极管、电阻

三、项目内容和原理

1. 二极管的识别与检测

(1)普通二极管的符号:稳压二极管;发光二极管;光电二极管变容二极管;

(2)将数字万用表的量程转换开关转到二极管符号的位置,测量并判断二极管的好坏。

二极管型号:实验结果:

序号	红表笔	黑表笔	表屏显示值
1	①	②	
2	②	①	

结论:此二极管(好、坏)

(3)按下图连接,接入 1V1KHz 正弦交流信号,用示波器观察 A、B 两点的波形,并分别画出示波器上 A、B 两点的波形;

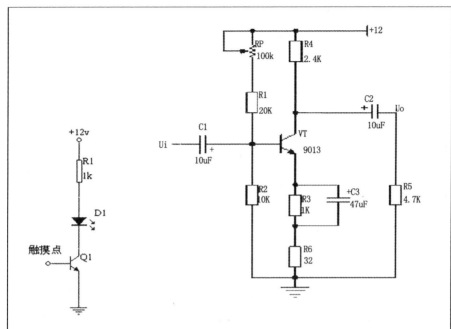

图 1　触摸开关　　　　　　图 2　触摸延时开关

(4)总结二极管的特性。

2.三极管的识别、检测及应用

(1)三极管根据材料分有管和管。它的符号为:NPN 型;

PNP 型;三个管脚分别为:　　　　　　　　。

实际检测及测量数据:将数字万用表的量程转换开关转到二极管符号的位置,测量三极管的好坏,并判断是 PNP 或 NPN 管。根据被测管的类型(PNP 或 NPN)不同,把量程开关转至 PNP 或 NPN 处,再把被测的三极管的三个端子插入相应的 E、B、C 孔内,测量三极管 h_{FE} 值的大小。

三极管型号:

实验结果:

结论:①脚为极,②脚为极,③脚为极;

类型:型管;$h_{FE} =$　　　　　。

序号	红表笔	黑表笔	表屏显示值
1	①	②	
2	①	③	
3	②	①	
4	②	③	
5	③	①	
6	③	②	

3.三极管放大性能的应用——触摸开关

按图1用三极管、发光二极管、电阻接成一个简单触摸开关。图2为触摸延时开关,搭接电路并体会电容在该电路中的作用。(注:在搭接电路前,应先检测各元件)。

测试内容		触摸开关(图1)	触摸开关(图2)
现象			
故障原因			
解决办法			
$U_{CE}(V)$	触摸前		
	触摸后		

项目二　放大器

任务一　共射放大器

课程名称	电路基础与模拟电子技术	班级	
地点	一体化教室	填写时间	
项目名称	前置放大器	组员	分数

一、项目目的和要求

1.掌握基本放大电路的功能和原理；

2.掌握电路的搭接、焊接及调试；

3.掌握示波器和信号发生器的使用。

二、项目使用主要仪器设备

1.示波器

2.信号源

3.直流稳压源

三、项目内容和原理

1.项目电路及电路工作原理

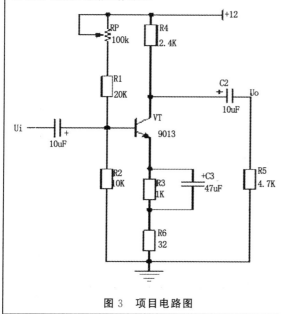

图3　项目电路图

2.项目电路功能

条件	输入 1 KHZ 正弦电压		
测量项目	输入电压 Ui	输出电压 Uo	Au＝Uo/Ui
数据			

波形如下：

输入电压波形：

输出电压波形：

功能分析：

去掉电阻 R6,再测试以下数据

比较 2 和 3 的测试结果,尝试分析 R6 的作用。

任务二　共集放大器

课程名称	电路基础与模拟电子技术	班级	
地点	一体化教室	填写时间	
项目名称	前置放大器	组员	分数

一、项目目的和要求

1.掌握基本放大电路的功能和原理；

2.掌握电路的搭接、焊接及调试；

3.掌握示波器和信号发生器的使用。

二、项目使用主要仪器设备

1.示波器

2.信号源

3.直流稳压源

三、项目内容和原理

1.项目电路及电路工作原理

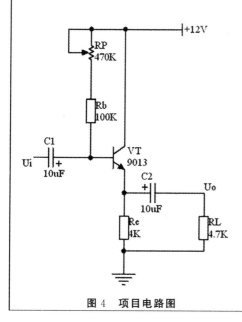

图4　项目电路图

2.项目电路功能

条件	输入 1 KHZ 正弦电压		
测量项目	输入电压 Ui	输出电压 Uo	Au＝Uo/Ui
数据			

波形如下：

输入电压波形：

输出电压波形：

分析电路功能：

任务三　共基放大器

课程名称	电路基础与模拟电子技术	班级		
地点	一体化教室	填写时间		
项目名称	前置放大器	组员	分数	

一、项目目的和要求

1.掌握基本放大电路的功能和原理；

2.掌握电路的搭接、焊接及调试；

3.掌握示波器和信号发生器的使用。

二、项目使用主要仪器设备

1.示波器

2.信号源

3.直流稳压源

三、项目内容和原理

1.项目电路及电路工作原理

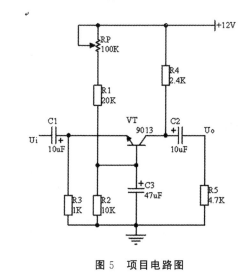

图5　项目电路图

2.项目电路功能

波形如下：

输入电压波形：

输出电压波形：

3.分析电路功能

四、总结

总结任务一、二、三电路，并说明三种放大器的特点。

项目三　音阶发生器

课程名称	电路基础与模拟电子技术	班级		
地点	一体化教室	填写时间		
项目名称	音阶发生器		组员	分数

一、项目目的和要求

1.掌握集成运放和振音阶发生器荡器的基本知识；

2.掌握音阶发生器的电路结构、工作原理和基本功能；

3.掌握音阶发生器的制作。

二、项目使用主要仪器设备

示波器、稳压源、计数器

三、项目内容和原理

1.项目电路及电路工作原理

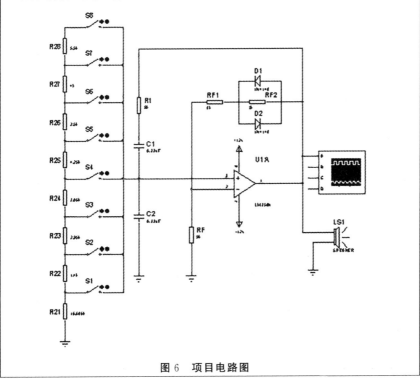

图 6　项目电路图

2.项目电路功能

用双踪示波器观测振荡电路的输出波形 u_o,依次按键 1～8,同时只能闭合一个开关。用计数器测量电路的振荡频率 f_o 记入表中:$f_o = \dfrac{1}{2\pi C}$,R_2 分别为 R21,R22,R23,R24,R25,R26,R27,R28 和 S1,S2,S3,S4,S5,S6,S7,S8 的组合。

按键	R 理论值	Fo 理论值	R 实际值	Fo 测量值
S8 dou	R28＝	264Hz		
S7 rui	R27＝	297Hz		
S6 mi	R26＝	330Hz		
S5 fa	R25＝	352Hz		
S4 suo	R24＝	396Hz		
S3 la	R23＝	440Hz		
S2 xi	R22＝	495Hz		
S1 dou'	R21＝	528Hz		

3.描述项目电路效果

四、项目总结(谈谈你制作本项目的体会)

项目四　功率放大器

课程名称	电路基础与模拟电子技术	班级	
地点	一体化教室	填写时间	
项目名称	功率放大器	组员	分数

一、项目目的和要求

1.掌握功放电路的原理及功能；

2.掌握功放电路的制作。

二、项目使用主要仪器设备

1.8 音阶发生器；

2.万用表；

3.直流稳压源；

三、项目内容和原理

1.项目电路及电路工作原理

2.项目电路功能

条件	输入 8 音阶音频信号		
项目	测量数据	计算值	计算值
Ui		Pi=	Ap=
Ii			
Uo		Po=	
Io			
UCC	12V	Pe=	η=
Ie			

3.项目电路效果

输入:5mV,1KHz 正弦

输入电压(波形):

输出电压(波形):

四、项目总结

项目五　直流稳压源

课程名称	电路基础与模拟电子技术	班级		
地点	一体化教室	填写时间		
项目名称	直流稳压源	组员	分数	

一、项目目的和要求

1.掌握直流稳压源的工作原理及功能；

2.掌握直流稳压源的制作。

二、项目使用主要仪器设备万用表；

三、项目内容和原理

1.项目电路及电路工作原理

2.项目电路功能测试

测量数据	Ui(220V)	Ui'	UC1	UC2	UC9	UC10
理论计算值						
实际测量值						

3.项目电路调试

分别断开 A 点、B 点、C 点,测量各点的波形:

Ui(波形):

UA(波形):

UB(波形):

UC(波形):

四、项目总结

项目六　简易电子琴

课程名称	电路基础与模拟电子技术	班级		
地点	一体化教室	填写时间		
项目名称	8音阶电子琴		组员	分数

一、项目目的和要求

1.掌握电子琴的结构和功能原理；

2.掌握电子琴的制作

二、项目使用主要仪器设备

1.直流稳压源

2.万用表

三、项目内容和原理

1.项目电路及电路工作原理

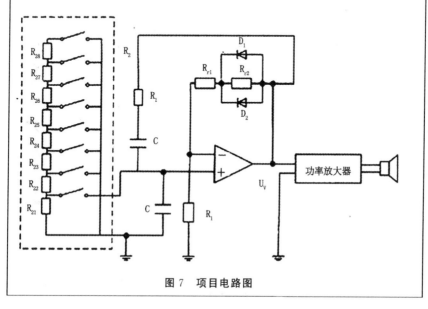

图7　项目电路图

2.项目电路效果描述

3.项目电路封装

4.建议

四、项目总结